Andreas Sandmair

Konzepte zur Trennung von Sprachsignalen in unterbestimmten Szenarien

**Forschungsberichte aus der Industriellen Informationstechnik
Band 3**

Institut für Industrielle Informationstechnik
Karlsruher Institut für Technologie

Hrsg. Prof. Dr.-Ing. Fernando Puente León
　　　Prof. Dr.-Ing. habil. Klaus Dostert

Eine Übersicht über alle bisher in dieser Schriftenreihe erschienene Bände
finden Sie am Ende des Buchs.

Konzepte zur Trennung von Sprachsignalen in unterbestimmten Szenarien

von
Andreas Sandmair

Dissertation, Karlsruher Institut für Technologie
Fakultät für Elektrotechnik und Informationstechnik, 2011

Impressum

Karlsruher Institut für Technologie (KIT)
KIT Scientific Publishing
Straße am Forum 2
D-76131 Karlsruhe
www.ksp.kit.edu

KIT – Universität des Landes Baden-Württemberg und nationales
Forschungszentrum in der Helmholtz-Gemeinschaft

KIT Scientific Publishing 2011
Print on Demand

ISSN 2190-6629
ISBN 978-3-86644-744-8

Konzepte zur Trennung von Sprachsignalen in unterbestimmten Szenarien

Zur Erlangung des akademischen Grades eines

DOKTOR-INGENIEURS

von der Fakultät für

Elektrotechnik und Informationstechnik

des Karlsruher Instituts für Technologie (KIT)

genehmigte

DISSERTATION

von

Dipl.-Ing. Andreas Sandmair

geb. in Augsburg

Tag der mündl. Prüfung: 14. Juli 2011
Hauptreferent: Prof. Dr.-Ing. Fernando Puente León, KIT
Korreferent: Prof. Dr.-Ing. Tanja Schultz, KIT

Vorwort

Die vorliegende Dissertation entstand während meiner Zeit als wissenschaftlicher Mitarbeiter am Institut für Industrielle Informationstechnik (IIIT) am Karlsruher Institut für Technologie. Innerhalb der letzten drei Jahre durfte ich mich mit der Separation unbekannter Sprachsignale beschäftigen. Für die Betreuung der Arbeit möchte ich mich ganz herzlich bei Professor Fernando Puente León bedanken. Ebenso gilt mein Dank Frau Professor Tanja Schultz, die sich zur Übernahme des Korreferats bereit erklärt hat.

Mein besonderer Dank gilt den Studenten, die im Rahmen einer Studien-, Bachelor-, Diplom- oder Masterarbeit meine Forschungsarbeit unterstützt haben. Ihr Engagement und die regelmäßigen Diskussionen lieferten einen wichtigen Beitrag. Den aktuellen und ehemaligen Mitarbeiter des IIIT möchte ich für das angenehme Arbeitsklima danken. Für die kritische Durchsicht des Manuskripts und die zahlreichen Korrekturvorschläge möchte ich mich bei Kristine Back, Mario Lietz und Melvin Rüth bedanken.

Zu guter Letzt möchte ich meiner Freundin und meiner Familie für deren Unterstützung danken. Ihr Zuspruch und die aufbauenden Worten waren mir insbesondere in schwierigen Momenten stets eine Motivation.

Karlsruhe, im September 2011   Andreas Sandmair

Inhaltsverzeichnis

1. Einleitung

Im Rahmen dieser Arbeit werden Konzepte zur Zerlegung einer beliebigen Überlagerung unbekannter Sprachsignale in die ursprünglichen Signale diskutiert. Vor der konkreten Behandlung der technischen Aspekte soll in der Einleitung kurz die Problemstellung skizziert und der aktuelle Stand der Technik umrissen werden. Aus den offenen Fragestellungen leitet sich die Zielsetzung der Arbeit ab.

1.1. Problemstellung

Der Mensch besitzt die Fähigkeit, auch in einer gestörten Umgebung seinem Gesprächspartner folgen zu können (Abbildung 1.1). Sogar wenn Störsignale (Hintergrundgeräusche, Musik etc.) die Lautstärke der Unterhaltung übersteigen, ist eine Kommunikation zwischen zwei Personen möglich. Dieses Phänomen der selektiven, akustischen Wahrnehmung des Menschen wird als Cocktail-Party-Problem bzw. Cocktail-Party-Effekt bezeichnet [44]. Dieser Begriff geht auf Collin Cherry [27] zurück, der bereits Anfang der 50er Jahre erste Experimente zur menschlichen Wahrnehmung unterschiedlicher Schallquellen durchführte. Die

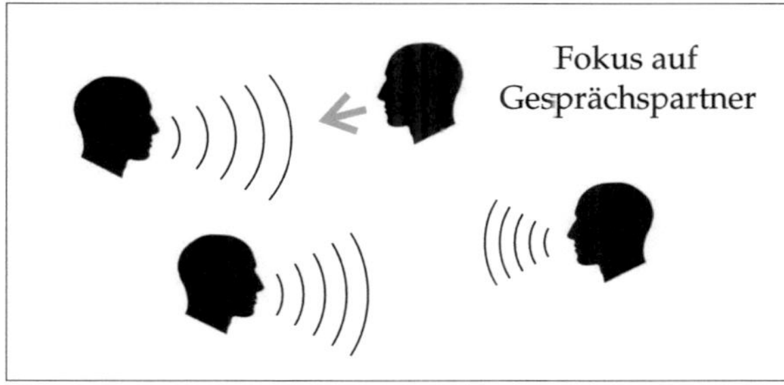

Abbildung 1.1. Unterhaltung zweier Personen. Gleichzeitig sind mehrere Störquellen aktiv.

Perzeption akustischer Signale wurde von Forschergruppen aus den verschiedensten Bereichen (Psychologie, Neurobiologie, Computerwissenschaften etc.) untersucht. Insbesondere die Betrachtungen zur Lokalisation von Schallquellen (Richtungshören) lieferten interessante Erkenntnisse für die Signaltrennung. Durch die Bestimmung der interauralen[1] Laufzeitunterschieden (engl. 'interaural time difference', Abk.: ITD) und der interauralen Pegeldifferenzen (engl. 'interaural level difference', Abk.: ILD) kann der Mensch die Richtung einzelner Objekte ermitteln [19, 20] und diese Information zur Trennung der Signale nutzen. Eine exakte Nachbildung dieser Fertigkeiten in einem technischen System ist auf Grund der komplexen Verarbeitungsweise innerhalb des menschlichen Nervensystems nicht möglich.

Die Entwicklung zuverlässiger, allgemeingültiger Verfahren zur Signaltrennung wäre dennoch sinnvoll. Derartige Methoden könnten in den unterschiedlichsten Bereichen der Audiosignalverarbeitung Verwendung finden. An einem Beispiel aus der Medizintechnik soll dies veranschaulicht werden. Mit Hilfe moderner Hörgeräte lässt sich die Lebensqualität hörgeschädigter Personen deutlich verbessern. Die Hörgeräte verstärken nicht nur die Signale der Gesprächspartner, sondern können bereits einzelne Störquellen mit Hilfe differentieller Richtmikrofone ausblenden [42]. Sind jedoch mehrere Störquellen aktiv, ist eine ausreichende Dämpfung aller Quellen auf diese Weise nicht mehr möglich. Nach einer Zerlegung der Mischsignale in die Einzelsignale könnte nur das relevante Signal wiedergegeben werden oder auch eine anteilige Dämpfung der Signale erfolgen. Das zweite Beispiel ist aus dem Bereich der Robotik. Insbesondere bei humanoiden Robotern stellt die Sprache ein wichtiges Mittel zur sozialen Interaktion dar [40]. In realer Umgebung kann nicht garantiert werden, dass das relevante Signal ungestört vorliegt. Zur Extraktion des Sprachsignals sind entsprechende Methoden zur Signaltrennung notwendig.

Die oben angeführten Beispiele sind ein überzeugendes Argument für den Bedarf an wirksamen Verfahren zur Quellentrennung (engl. 'blind source separation', Abk.: BSS). Aus diesem Grund soll im Rahmen dieser Arbeit das Problem der Separation untersucht und Konzepte zur Signaltrennung diskutiert werden.

---

[1]interaural (lat.) - zwischen den Ohren

1.2. Stand der Technik

Die Vorgehensweise bei der Zerlegung von Signalen ist in hohem Maße vom spezifischen Signalmodell abhängig. Dementsprechend wird im ersten Teilabschnitt ein Überblick über die verschiedene Modelle gegeben. Anschließend werden die unterschiedlichen Ansätze zur Quellentrennung vorgestellt. Im letzten Abschnitt wird detaillierter auf die Trennung der Signale in unterbestimmten Szenarien eingegangen.

1.2.1. Überblick

Die 'blind source separation' beschreibt allgemein die Zerlegung einer beliebigen Überlagerung von Signalen in die Originalsignale. Dabei sind weder Informationen über den Mischprozess noch über die Quellsignale vorhanden. Unter gewissen Bedingungen ist eine Rekonstruktion der Signale möglich.

Die Einteilung der Verfahren ist als Erstes vom **Signalmodell** abhängig. Sind die Signale, die mit N Sensoren ($N \geq 2$) aufgezeichnet werden, jeweils eine unterschiedlich stark gewichtete Summe der Quellsignale, spricht man von einer **instantanen Überlagerung** der Signale. Dieses Modell wird beispielsweise in der Medizintechnik bei der Analyse der Gehirnaktivität mittels Elektroenzephalografie (EEG) eingesetzt [50, 98]. Die Sensoren auf der Kopfhaut registrieren die Ereignisse innerhalb des Gehirns. Auf Grund der großen Anzahl paralleler Prozesse werden zumeist gewichtete Überlagerungen der Einzelsignale detektiert. Ansätze zur Separation werden unter anderem in [31] oder [50] aufgezeigt. In vielen Anwendungen, beispielsweise der Akustik oder im Mobilfunkbereich, ist dieses einfache Modell nicht zur Beschreibung des Mischvorgangs geeignet. Die Sensorsignale enthalten auf Grund der unterschiedlichen Ausbreitungspfade zwischen Quelle und Sensor (direkte Ausbreitung, Reflexionen) gewichtete und verzögerte Anteile der Quellsignale. Die Separation dieser **konvolutiven Mischung** ist deutlich aufwendiger als im instantanen Fall [17]. Um für beide Fälle die generativen Modelle angeben zu können, werden die Quell- und Sensorsignale in Vektorschreibweise zusammengefasst. Für die Originalsignale gilt $\mathbf{s}(t) = [s_1(t), ..., s_M(t)]^{\mathrm{T}}$ und für die Mischsignale $\mathbf{x}(t) = [x_1(t), ..., x_N(t)]^{\mathrm{T}}$. Die mathematische Beschreibung ist in Tabelle 1.1 angegeben. Die Matrix enthält Informationen über die Ausbreitungseigenschaften der jeweiligen Signale. Im

Art	Generatives Modell	Koeffizienten
Instantane Überlagerung	$\mathbf{x}(t) = \mathbf{A}\,\mathbf{s}(t)$	Konstante
Konvolutive Überlagerung	$\mathbf{x}(t) = \mathbf{A} * \mathbf{s}(t)$	FIR-Filter

Tabelle 1.1. Beschreibung der mathematischen Zusammenhänge bei den Signalmodellen

konvolutiven Fall kann die Gewichtung und Zeitverzögerung allgemein durch eine FIR-Struktur beschrieben werden.

Ein weiterer Gesichtspunkt bei der Einordung der Verfahren ist das Verhältnis von Quellen- (M) und Sensoranzahl (N). Ist die Anzahl der Quellsignale gleich der Sensoranzahl ($M = N$), wird der Mischvorgang durch ein **bestimmtes** Gleichungssystem beschrieben. Sind die Koeffizienten der linearen Gleichungen bekannt, lässt sich eine eindeutige Lösung ermitteln [24]. Im **unterbestimmten** Fall übersteigt die Quellenanzahl die Sensoren ($N < M$). Unter diesen Bedingungen ist eine Rekonstruktion der Signale nur noch unter der Annahme von Nebenbedingungen möglich.

Allgemeine Informationen zur Quellentrennung für verschiedenen Szenarien finden sich in [17, 47, 76]. Für den Bereich der Separation von Sprachsignalen ist das Buch 'Blind Speech Separation' [66] eine gute Referenz. Es liefert einen umfassenden Überblick über unterschiedliche Konzepte zur Trennung von Audiosignalen.

1.2.2. Methodische Ansätze

Die Auswahl der Methoden zur Separation ist vom Signalmodell abhängig. Eine Vorstellung der Konzepte erfolgt anhand der konvolutiven Überlagerung. Die Ansätze zur Trennung instantaner Mischsignale sind implizit in der folgenden Beschreibung enthalten. Um eine grundlegende Gliederung zu erhalten bietet sich eine Einteilung der Verfahren nach der Repräsentation der Signale (Zeit- oder Frequenzbereich) an. Bei der Vorstellung der Ansätze erfolgt eine Beschränkung auf Verfahren zur Trennung von Sprachsignalen. In einigen Fällen wird die Charakteristik der menschlichen Sprache explizit berücksichtigt (spärliche Verteilung der Signalamplituden). Eine umfassende Diskussion und Vorstellung von Verfahren zur Quellentrennung ist in [17] zu finden.

Separation im Zeitbereich

Für die Trennung der Signale im Zeitbereich werden zwei Ansätze vorgestellt. Das erste Konzept basiert auf einer Schätzung der FIR-Filter mit anschließender Rekonstruktion der Signale [25]. Sind die Filterfunktionen bekannt, ist sogar eine Hallunterdrückung möglich. In realen Umgebungen sind jedoch hohe Filterordnungen (mehrere 1000 Samples) zu erwarten, was einen beträchtlichen Rechenaufwand verursacht. Ein anderer Ansatz basiert auf der abschnittsweisen Zerlegung der Signale in Musterfunktionen [33, 59, 67]. Diese separaten Funktionen enthalten mit hoher Wahrscheinlichkeit nur Anteile einzelner Sprecher. Durch die Kombination zusammengehöriger Muster kann eine Rekonstruktion der Quellsignale erfolgen.

Separation im Frequenzbereich

Neben einer Separation im Zeitbereich ist auch die Zerlegung der Signale im Frequenzbereich möglich. Durch die Transformation in den Frequenzbereich geht die Faltung in eine Multiplikation über. Um die Instationarität der Sprachsignale zu berücksichtigen wird eine Zeit-Frequenz-Transformation verwendet. Die einzelnen Komponenten in jedem Frequenzband lassen sich als instantane Überlagerungen der Quellsignale beschreiben. Bei der Bestimmung der Matrizen kann das Permutationsproblem auftreten (die Spalten der Mischmatrizen sind nicht zwangsweise denselben Quelle zugeordnet - siehe Seite 99), was zu Fehlzuordnungen bei der Rekonstruktion der Signale führen kann. Für die Separation im Frequenzbereich gibt es eine Vielzahl an Verfahren, die sich insbesondere in der Bestimmung der Matrizen und der Vorgehensweise bei der Rekonstruktion der Signale unterscheiden. Für die Transformation in den Zeit-Frequenz-Bereich wird normalerweise die Kurzzeit-Fourier-Transformation verwendet [66]. In einigen Fällen kommen jedoch auch Varianten der Wavelet-Transformation zum Einsatz [72]. Zur Schätzung der Matrizen werden zwei grundlegende Konzepte genutzt: die Independent Component Analyse (ICA) und Clusterverfahren. Die ICA versucht die statistische Unabhängigkeit der Quellsignale auszuwerten. Methoden wurden unter anderem auf der Basis informationstheoretische Aspekte [16, 50] oder geometrischer Transformationen [83] entwickelt. Clusterverfahren bieten eine andere Alternative zur Ermittlung der Koeffizienten der Mischmatrix. Besitzen die Signale eine spärliche Amplitudenverteilung, bilden sich Cluster im Merkmalsraum, die sich mit Hilfe entsprechender Algorithmen detektieren lassen. Die einfachste Realisierung stellt eine Maximasuche in einem Merkmalshistogramm dar [104]. Daneben existieren eine Vielzahl an Verfahren auf der Basis bekannter Clusterverfahren [75, 103]. Die Rekonstruktion der Signale im bestimmten Fall ist sehr einfach. Nach der Invertierung der geschätzten Matrix ist eine Berechnung der ursprünglichen Koeffizienten möglich. Im unterbestimmten Fall ist eine Rekonstruktion der Signale unter Nebenbedingungen möglich. Hier wird wiederum die Annahme spärlich verteilter Signale verwendet, die z. B. eine Schätzung der Koeffizienten durch Minimierung der L_1-Norm ermöglicht [22, 103].

Neben einer getrennten Bestimmung der Matrizen und der rekonstruierten Signale gibt es auch Verfahren zur gemeinsamen Schätzung der beiden Größen. Der bekannteste Ansatz ist die nicht-negative Matrix-Faktorisierung (engl. 'non-negative matrix factorization) [62]. Für die Anwendung muss das Signalmodell angepasst werden. Die Matrizen $\mathbf{X} = [\mathbf{x}(0)^{\mathrm{T}}, \mathbf{x}(1)^{\mathrm{T}}, \ldots]$ bzw. $\mathbf{S} = [\mathbf{s}(0)^{\mathrm{T}}, \mathbf{s}(1)^{\mathrm{T}}, \ldots]$ enthalten alle Sensor- und Quellsignalvektoren und das generative Modell wird durch $\mathbf{X} = \mathbf{A}\,\mathbf{S}$ beschrieben. Durch die Minimierung des Schätzfehlers unter Berücksichtigung der Bedingung $\mathbf{A}, \mathbf{S} > 0$ kann eine gemeinsame Schätzung der Matrizen erfolgen [76]. Eine Anwendung der Matrix-Faktorisierung zur Separation von Sprachsignalen war insbesondere in den letzten Jahre zu beobachten [13, 28, 37, 77].

1.2.3. Unterbestimmte, konvolutive Quellentrennung

Im vorhergehenden Abschnitt wurde für einen grundlegenden Überblick das große Spektrum an unterschiedlichen Ansätzen zur Quellentrennung vorgestellt. Im Rahmen der Arbeit liegt der Fokus jedoch auf der Separation von Signalen in unterbestimmten Szenarien. Methoden, die unter diesen Bedingungen zur Trennung von Sprachsignalen verwendet werden können, lassen sich auf die anderen Fälle übertragen. Im Folgenden werden vielversprechende Konzepte für die Separation im unterbestimmten, konvolutiven Fall vorgestellt.

In den letzten Jahren wurden verschiedene Ansätze verfolgt. Die nicht-negative Matrix-Faktorisierung ist auch für diesen Fall anwendbar und liefert eine gemeinsame Schätzung der Matrix und der Quellsignale [13, 37, 78]. Bei einer getrennten Bestimmung der Variablen werden zur Ermittlung der Mischmatrizen insbesondere Clusterverfahren verwendet. Häufig werden die spezifischen Laufzeitdifferenzen der Quellen als Merkmale genutzt [10, 52, 86, 85]. Eine Rekonstruktion erfolgt durch Auswertung der Abstände zwischen den Clustermittelpunkten und den Merkmalen. Alternativ kann auch eine Minimierung der L_1-Norm durchgeführt werden [103]. Werden zur Aufnahme der Daten nicht nur Mikrofone sondern auch Kunstköpfe verwendet, können durch die Nutzung der speziellen Übertragungscharakteristik des menschlichen Kopfes angepasste Algorithmen entwickelt werden [70].

Für eine Übersicht über den aktuellen Stand der Technik ist nicht nur eine Diskussion der Methoden, sondern auch ein Gegenüberstellung der Verfahren sinnvoll. Durch die ausgeprägte Kooperation einiger Forschungsgruppen auf dem Gebiet der Quellentrennung finden regelmäßig Konferenzen und Evaluationskampagnen (*Signal Separation Evaluation Campaign - SiSEC*[2]) statt. Die Ergebnisse sind auf den entsprechenden Internetseiten zu finden. Insbesondere durch die Analyse der Resultate kann die Qualität der einzelnen Verfahren einfach verglichen werden. Für die Separation in unterbestimmten Szenarien (zwei Sensoren – drei bzw. vier Sprecher) lieferten die in [10] (*SiSEC 2008*) und [86] (*SiSEC 2010*) beschriebenen Verfahren tendenziell die besten Ergebnisse. Der Unterschied zu den anderen Methoden war jedoch nicht signifikant.

1.3. Offene Fragestellungen

Nach dem kurzen Überblick über den aktuellen Stand der Technik ist eine Diskussion der offenen Fragestellungen und vorhandenen Probleme bei der Quellentrennung notwendig, um die Ziele der Arbeit definieren zu können. Einige Aspekte lassen sich aus den vorhergehenden Betrachtungen ableiten. Im Rahmen der Evaluationskampagnen zeigte sich, dass noch Defizite in der

- Separationsqualität und

- Rechenzeit

bestehen. Für eine Verwendung unter realen Bedingungen gehören diese beiden Gesichtspunkte sicherlich zu den wichtigsten Kriterien.

---

[2]http://sisec2008.wiki.irisa.fr/tiki-index.php
 http://sisec2010.wiki.irisa.fr/tiki-index.php

Die **Dynamik in realen Szenarien** ist ein weiteres Problem. Eine Änderung der **Positionen** von Quellen / Sensoren oder der **Sprecheranzahl** wurde bisher nur sehr eingeschränkt untersucht. Eine Aufgabenstellung der *SiSEC 2010* befasste sich mit einer wechselnden Sprecheranzahl, war jedoch auf bestimmte Szenarien ($M = N$) und eine ortsfeste Position der Quellen beschränkt. Diese Aspekte sollten bei der Konzeption neuer Verfahren (auch für den unterbestimmten Fall) ebenfalls berücksichtigt werden.

1.4. Zielsetzung und Gliederung der Arbeit

Die Themen, die im Rahmen der Arbeit betrachtet werden sollen, lassen sich aus den offenen Fragestellungen ableiten. Ein Aspekt ist die Entwicklung eines Verfahrens, dass einerseits gute Separationsergebnisse liefert, andererseits jedoch mit vertretbarem Aufwand realisierbar ist. Ein zweiter Punkt ist die Berücksichtigung dynamischer Ereignisse. Dabei spielt sowohl die Detektion der Ereignisse als auch die Rekonstruktion kompakter Signalabschnitte eine Rolle. Diese Gesichtspunkte sollen ebenfalls Gegenstand der Betrachtungen sein. Als Letztes sollen unterschiedliche Zeit-Frequenz-Darstellungen untersucht werden. Die Auswertung der *SiSEC*-Resultate zeigt die Vorteile einer Separation der Signale im Frequenzbereich. Die prinzipielle Erklärung der Vorgehensweise folgt in Abschnitt 2.3, vorgreifend soll jedoch erwähnt werden, dass auf Grund der Instationarität der Sprachsignale ein Übergang in den Zeit-Frequenz-Bereich notwendig ist. Normalerweise wird bei der Quellentrennung die Kurzzeit-Fourier-Transformation zur Ermittlung der Zeit-Frequenz-Darstellung verwendet. Im Rahmen der Arbeit soll zusätzlich die Wavelet-Transformation untersucht werden. Hierbei soll vor allem auf die Verwendbarkeit der Analytischen Wavelet-Packets eingegangen werden.

Die Anforderungen können nochmals zusammengefasst werden:

- Separationsqualität $\leftrightarrow$ Rechenzeit

- Berücksichtigung dynamischer Szenarien

- Untersuchung unterschiedlicher Zeit-Frequenz-Darstellungen

Sie stellen sozusagen die Kriterien dar, an denen die Arbeit abschließend bewertet werden kann. Aus diesem Grund erfolgt im letzten Kapitel nochmals eine Diskussion dieser Aspekte.

Die Verfahren zur Trennung akustischer Signale stehen im Mittelpunkt und bedingen somit die Struktur der Arbeit. In Kapitel 2 werden grundlegende Aspekte aus dem Bereich der Akustik besprochen und die Quellentrennung im Frequenzbereich motiviert und dargestellt. Das dritte Kapitel enthält eine Vorstellung unterschiedlicher Methoden der Signalverarbeitung, die zur Separation der Signale benötigt werden. Das Verfahren zur Trennung akustischer Signale besteht aus mehreren Verarbeitungsschritten und wird in Kapitel 4 beschrieben. Als Erstes erfolgt eine separate Betrachtung der einzelnen Teilschritte. Diese beinhaltet eine anwendungsspezifische Diskussion der Methoden aus dem vorhergeheden Kapitel. Im zweiten Abschnitt werden die konkreten Realisierungen vorgestellt. Die Evaluation der Verfahren folgt im fünften Kapitel. Vor der Besprechung der Ergebnisse werden die Methoden zur Bewertung der getrennten Signale und die unterschiedlichen Szenarien dargestellt. In Kapitel 6 folgt die Zusammenfassung der bisherigen Betrachtungen. Zudem werden Vorschläge für weiterführende Untersuchungen gemacht.

2. Grundlagen

In diesem Kapitel werden einige Grundlagen der Akustik, insbesondere der Schallausbreitung und Raumakustik, besprochen, die für ein umfassendes Verständnis der Arbeit notwendig sind. In Abschnitt 2.3 folgt die Beschreibung des Problems der Quellentrennung und die Vorstellung eines prinzipiellen Lösungsansatzes. Zu Beginn wird die Nomenklatur festgelegt.

2.1. Nomenklatur

Aus den in der Einleitung beschriebenen Anforderungen lässt sich die Problemstellung bildlich darstellen (Abb. 2.1). Bis zu M Quellsignale $s_i(t)$ sind gleichzeitig aktiv. Mit Hilfe der beiden Sensoren werden die Mischsignale $x_j(t)$ aufgenommen. Durch den Einfluss der Umgebungsbedingun-

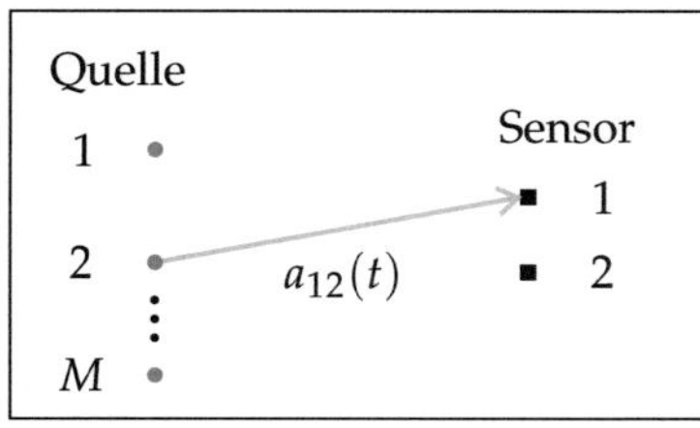

Abbildung 2.1. Bildliche Darstellung der Problemstellung und Bezeichnung der Variablen.

gen unterscheidet sich das Quellsignal $s_i(t)$ von dem detektierten Signal am Sensor $s_{ji}(t)$. Die Wirkung auf das Quellsignal wird durch die Impulsantwort $a_{ji}(t)$ beschrieben und die Überlagerung aller Signale an einem Sensor liefert das Mischsignal. Die Aufgabe besteht in der Rekonstruktion der Originalsignale $s_i(t)$ aus den beiden Sensorsignalen. Das rekonstruierte Signal wird durch ein Dach gekennzeichnet. Die Nomenklatur bleibt natürlich auch nach der Transformation der Signale, z. B. in den

Frequenzbereich, erhalten und wird nur an die entsprechende Schreibweise angepasst.

2.2. Akustik

Die Akustik ist die Lehre vom Schall und seinen Eigenschaften. Wichtige Aspekte innerhalb dieses Forschungsgebietes sind die Entstehung, Ausbreitung, Erzeugung und Wahrnehmung von Schallereignissen. Die Messung und entsprechende Anwendungen sind ebenfalls diesem Gebiet zugeordnet [64]. Ein Aspekt der Akustik ist die Ausbreitung von Schallsignalen in dem Medium Luft. Für die weiteren Betrachtungen ist nur der sogenannte Luftschall relevant, weil er der gängige Übertragungsweg der menschlichen Sprache ist. In diesem Abschnitt werden zunächst die physikalischen Grundlagen der Schallausbreitung erläutert, im Anschluss folgt eine kurze Vorstellung des Gebietes der Raumakustik. Eine detaillierte Einführung in die Akustik liefern Lerch [64], Möser [73] oder die Deutsche Gesellschaft für Akustik (DEGA) [4]. Aspekte der Raumakustik werden unter anderem in [84] oder [61] besprochen.

2.2.1. Schallausbreitung

Unter Schall versteht man im Allgemeinen elastodynamische Wellen und Schwingungen. Dieser wird einerseits unterteilt nach Ausbreitungsmedium in Fluidschall (Gase und Flüssigkeiten) oder Körperschall (Ausbreitung in festen Körpern), andererseits nach Frequenzbereich in Infraschall, Hörschall oder Ultraschall. Im Hinblick auf die vorliegende Anwendung ist nur der Luftschall im Bereich von 16 Hz bis 20 kHz (Hörschall) relevant. Zudem wird nur der Bereich der linearen Akustik betrachtet, in dem die Schallgeschwindigkeit als konstant angenommen werden kann. Dies gilt, wenn die Luftdruckschwankungen deutlich kleiner als der Umgebungsdruck sind [4].

Physikalische Grundlagen und Begriffe

In der Luft breitet sich der Schall als longitudinale Welle durch Kompression und Verdünnung der Luftmoleküle aus. Die Bereiche unterschiedlicher Dichte bewegen sich entlang der Ausbreitungsrichtung (Abbildung 2.2). Dieser physikalische Effekt wird mit Hilfe einer Wellengleichung be-

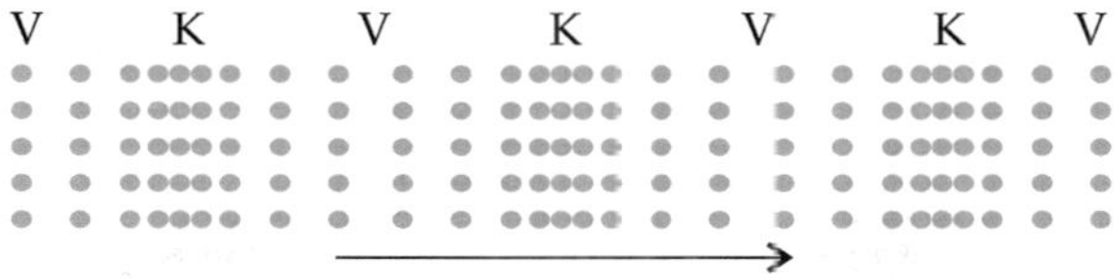

V   K   V   K   V   K   V

Abbildung 2.2. Ausbreitung des Schalls in Pfeilrichtung durch Kompression (K) und Verdünnung (V) der Luftmoleküle.

schrieben. Um die Gleichungen zu bestimmen, müssen die mit der Schallausbreitung verbundenen Zustandsgrößen Druck, Dichte und Teilchengeschwindigkeit des Mediums definiert werden. Entsprechend [4] gilt:

Definition 2.1 (Schalldruck p)   *Der Schalldruck ist der dem Schall zugeordnete Wechseldruck (skalare Größe). Er berechnet sich als Differenz zwischen dem örtlichen Druck im Schallfeld und dem atmosphärischen Gleichdruck.*

Definition 2.2 (Dichteschwankung ρ)   *Die Dichteschwankungen sind skalare Werte und beschreiben die Änderung der lokalen Dichten der Luftmoleküle. Die Dichteschwankungen sind mit den Druckschwankungen durch die wechselnde Kompression und Verdünnung in der Schallwelle verknüpft.*

Definition 2.3 (Schallschnelle v)   *Die Schallschnelle entspricht der Wechselgeschwindigkeit der Fluidteilchen um eine gedachte Ruhelage. Sie stellt eine vektorielle Größe dar.*

Basierend auf diesen positions- und zeitabhängigen Variablen können weitere Kenngrößen bestimmt werden. Der **Schallfluss** lässt sich als Skalarprodukt aus der Schallschnelle und einer gleichsinnig durchströmten Fläche ($q = \mathbf{v} \cdot \mathbf{A}$) ermitteln. Die **Schallintensität** berechnet sich als Produkt aus Schalldruck und -schnelle gemäß $\mathbf{I} = p \cdot \mathbf{v}$ und entspricht einer Energieflussdichte. Die Richtung der vektoriellen Größe wird durch den Vektor der Schallschnelle bestimmt. Die **Schallleistung** ist die gesamte Schallenergie, die pro Zeiteinheit von einer Quelle abgestrahlt wird. Sie ist entsprechend

$$P = \int_{A} \mathbf{I}\, d\mathbf{A}$$

als Flächenintegral über die Intensität definiert.

Physikalische Grundgleichungen

Mit Hilfe der bereits definierten Größen können die Grundgleichungen des Schallfeldes bestimmt werden. Basierend auf den Euler'schen Gleichungen, welche die theoretischen Grundlagen der Akustik in Fluiden bilden, lassen sich die Grundgleichungen für den Bereich der linearen Akustik herleiten [64]. Die Anwendung der Bewegungsgleichung der Mechanik (2. Newton'sches Axiom) auf ein Fluidteilchen liefert für den Fall der linearen Akustik und reibungsfreien Schallausbreitung die dreidimensionale **Bewegungsgleichung** (jeweils in Index- und Vektorschreibweise):

$$\rho_0 \frac{\partial v_i}{\partial t} + \frac{\partial p}{\partial x_i} = 0 \quad \text{oder} \quad \rho_0 \frac{\partial \mathbf{v}}{\partial t} + \operatorname{grad} p = 0. \tag{2.1}$$

Die Variable ρ_0 bezeichnet die Umgebungsdichte. Die **Kontinuitätsgleichung** garantiert die Erhaltung der Masse. In einem begrenzten Volumen (z. B. einer Kugel) muss die Differenz der aus- und einströmenden Massen gleich der zeitlichen Änderung der Masse im Inneren des Volumens sein. Unter der Voraussetzung, dass die Dichteänderung ρ klein gegenüber der Umgebungsdichte ist, hat die Gleichung die folgende Form:

$$\rho_0 \frac{\partial v_i}{\partial x_i} + \frac{\partial \rho}{\partial t} = 0 \quad \text{oder} \quad \rho_0 \operatorname{div} \mathbf{v} + \frac{\partial \rho}{\partial t} = 0. \tag{2.2}$$

Für isentrope und adiabate Zustandsänderungen ist das Ergebnis der Division p/ρ^κ konstant. Damit ergibt sich die **Zustandsgleichung** (akustische Form) zu

$$\frac{\mathrm{d}\,p}{\mathrm{d}\,\rho} = c_0^2 = \kappa \frac{p_0}{\rho_0}. \tag{2.3}$$

Diese Gleichung ermöglicht die Umrechnung von Druck- und Dichteänderung und ist nur von der Schallgeschwindigkeit c_0 abhängig. Die Schallgeschwindigkeit lässt sich auch aus dem mittleren Druck p_0, der Umgebungsdichte und dem fluidabhängigen Adiabatenexponenten κ berechnen [4].

Akustische Wellengleichung

Um die Wellengleichung zu erhalten, wird unter Verwendung der Zustandsgleichung die Gleichung 2.2 zu

$$\rho_0 \operatorname{div} \mathbf{v} + \frac{1}{c_0^2} \frac{\partial p}{\partial t} = 0 \tag{2.4}$$

umgeformt. Diese Formel bildet mit der Bewegungsgleichung ein Gleichungssystem mit zwei Unbekannten. Um eine skalare Gleichung für p zu erhalten, wird (2.4) partiell nach der Zeit differenziert und die Bewegungsgleichung in diese eingesetzt. Als Ergebnis ergibt sich die skalare Wellengleichung für den Schalldruck als

$$\frac{1}{c_0^2} \frac{\partial^2 p}{\partial t^2} - \Delta p = 0. \tag{2.5}$$

Das Zeichen $\Delta = \operatorname{div} \operatorname{grad}$ steht für den Laplace-Operator. Der Schalldruck breitet sich somit als Welle mit der Phasengeschwindigkeit c_0 aus. Äquivalente Gleichungen lassen sich jeweils für die Dichteänderung ρ und für die Geschwindigkeit $\mathbf{v}$ herleiten (Vektorgleichung). Unter Berücksichtigung von Randbedingungen können mit Hilfe der Wellengleichung theoretisch sowohl die Schallfelder für beliebige Umgebungsbedingungen berechnet als auch die Gleichungen für beliebige Wellenformen bestimmt werden [64]. Lässt sich der Schalldruck als harmonischer Zeitverlauf (Sinus- und Cosinusschwingungen) entsprechend

$$p(t) = p_{\max} \cos(2\,\pi f\,t + \phi) = \operatorname{Re}\left\{ p_{\max}\, \mathrm{e}^{\mathrm{j}\,(2\,\pi f\,t + \phi)} \right\}$$

mit der Amplitude $p_{\max}$ und der Phase ϕ darstellen, kann die Wellengleichung in der Helmholtz'schen Form angegeben werden [4]:

$$\Delta p + k^2\, p = 0. \tag{2.6}$$

Die Wellenzahl k ist von der Frequenz f bzw. der Wellenlänge λ abhängig:

$$k = \frac{2\,\pi f}{c_0} = \frac{2\,\pi}{\lambda}.$$

Geometrische Akustik

Die geometrische Akustik ist eine Näherung der Wellenakustik. Ähnlich zur Strahlenoptik können die Welleneigenschaften vernachlässigt werden, wenn die mit dem Schall wechselwirkenden Objekte groß gegenüber der Wellenlänge des Schalls sind. Es gilt die Annahme, dass sich der Schall geradlinig entlang eines Strahles ausbreitet. Trifft der Strahl auf ein Hindernis, wird ein Teil der Energie entsprechend dem Reflexionsgesetz (Einfallswinkel = Austrittswinkel) in den Raum zurückgeworfen. Die restliche Energie der Schallwelle wird vom Hindernis absorbiert. Die Schallbrechung ist, analog zur Lichtbrechung, abhängig von den Eigenschaften der beiden Übertragungsmedien. Eine Verwendung der geometrischen Akustik als Näherung für die Wellenakustik ist nur unter bestimmten Bedingungen gültig [32]. Diese werden im späteren Verlauf der Arbeit diskutiert.

2.2.2. Raumakustik

Innerhalb der Akustik beschäftigt sich die Raumakustik mit der Ausbreitung und Wirkung von Schall in begrenzten Umgebungen. Im Rahmen dieser Arbeit ist eine kurze Diskussion einiger Aspekte der Raumakustik notwendig, denn die Mehrwegeausbreitung beeinflusst in hohem Maße die Leistungsfähigkeit der Verfahren zur Trennung von Signalen. Eine ausführliche Behandlung der Raumakustik liefern [32], [61] oder [39].

Begriffe und Definitionen

Die Wirkung der Umgebung auf ein Schallsignal ist von der Geometrie des Raumes und der Position der Quelle abhängig. Ausgehend von der Lage des Sprechers breiten sich die Schallwellen im Raum aus und werden an Wänden und weiteren Hindernissen reflektiert. An der Position des Sensors kommen der Direktschall und ein bestimmter Anteil reflektierter Wellenpakete zeitverzögert an. Der Einfluss der Umgebung wird durch die Raumimpulsantwort charakterisiert.

Definition 2.4 (Raumimpulsantwort)   *Die Impulsantwort $a_{ji}(t)$ beschreibt die Übertragungsstrecke vom Sender $s_i(t)$ zum Empfänger $x_j(t)$. Für das Empfangssignal gilt*

$$x_j(t) = a_{ji}(t) * s_i(t). \tag{2.7}$$

Die Raumimpulsantwort ist von der Position von Sensor und Quelle abhängig.

Somit muss für jede Anordnung von Quelle und Senke eine separate Impulsantwort bestimmt werden. Prinzipiell können Impulsantworten nur für lineare und zeitinvariante Systeme definiert werden [82]. Die Bedingung ist in diesem Fall nur erfüllt, solange sich die Positionen von Sprechern, Sensoren oder weiteren Objekten innerhalb des Raumes nicht ändern.

Raumimpulsantworten weisen jedoch unabhängig von den Umgebungsbedingungen und der Lage der Objekte strukturelle Ähnlichkeiten auf. In der schematischen Zeichnung (Abbildung 2.3 (a)) sind drei grundlegende Bereiche dargestellt. Als Direktschall (A) wird der Anteil bezeichnet, der sich ohne Reflexionen ausbreitet. Die Schallanteile (B) mit einer geringen Zahl an Reflexionen an Wänden oder Objekten werden als frühe Reflexionen bezeichnet und der diffuse Schallanteil (C) als Nachhall [106]. Als Beispiel ist eine reale Impulsantwort aus der AIR-Datenbank [53] in Abbildung 2.3 (b) angegeben.

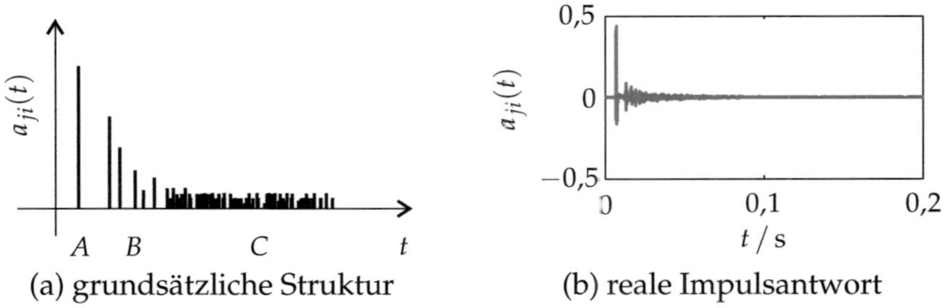

(a) grundsätzliche Struktur   (b) reale Impulsantwort

Abbildung 2.3.   Darstellung von Raumimpulsantworten zur Beschreibung der charakteristischen Bereiche.

Im Gegensatz zu den positionsabhängigen Impulsanworten wäre eine Kenngröße zur allgemeinen Beschreibung des Raumes wünschenswert. Sie sollte den mittleren Gesamteindruck hinsichtlich der Reflexionen und des Halls widerspiegeln. Die entsprechende Größe ist die Nachhallzeit [32].

Definition 2.5 (Nachhallzeit)   *Die Nachhallzeit beschreibt den Abklingvorgang in der Akustik. Die Nachhallzeit RT_{60} ist die Zeitspanne,*

die nach dem Abschalten des Quellsignals vergeht, bis die Schallener-
gie auf den millionsten Teil (60 dB) des Anfangswertes abgesunken ist.

Alternativ werden oftmals auch die Zeiten für das Absinken um 30 dB
(RT_{30}) angegeben. Allgemein ist zu beachten, dass die Nachhallzeiten
frequenzabhängig sind und zu höheren Frequenzen hin abfallen [73].
Die Nachhallzeiten können z. B. mit Hilfe der Rückwärtsintegration von
Schröder aus der Raumimpulsantwort bestimmt werden [89].

Schallausbreitung in begrenzten Räumen

Die exakte Behandlung der Schallausbreitung in begrenzten Räumen
kann durch Lösen der Wellengleichung mit Randbedingungen erfolgen.
Exemplarisch soll dies am Beispiel eines rechteckigen, leeren Raumes (Di-
mension: L_x, L_y, L_z) gezeigt werden. Die Wellengleichung 2.6

$$\frac{\partial^2 p}{\partial x^2} + \frac{\partial^2 p}{\partial y^2} + \frac{\partial^2 p}{\partial z^2} + k^2\, p = 0$$

kann durch Separation der Variablen $p(x,y,z) = p_1(x)\, p_2(y)\, p_3(z)$ in drei
unabhängige Differentialgleichungen zerlegt werden. Exemplarisch wird
der erste Multiplikand

$$\frac{\mathrm{d}^2 p_1}{\mathrm{d}\, x^2} + k_x^2\, p_1 = 0$$

angegeben. An den Wänden darf keine Schwankung des Schalldrucks
auftreten. Somit gilt die Randbedingung $\frac{\mathrm{d}\, p_1}{\mathrm{d}\, x} = 0$ für $x = 0$ und $x = L_x$.
Identische Betrachtungen können ebenfalls für die beiden anderen Varia-
blen angestellt werden. Die neuen Konstanten sind durch die Beziehung

$$k_x^2 + k_y^2 + k_z^2 = k^2$$

mit der Wellenzahl verknüpft. Die separierte Wellengleichung hat eine
allgemeine Lösung der Form

$$p_1(x) = A_1 \cos\left(k_x\, x\right) + B_1 \sin\left(k_x\, x\right).$$

Mit den Konstanten A_1 und B_1 kann die Darstellung an die Randbedingungen angepasst werden. Für $x = 0$ besitzt nur der cos-Term eine ho-
rizontale Tangente und erfüllt somit die Randbedingung. Dementsprechend muss $B_1 = 0$ gesetzt werden. Damit bei $x = L_x$ dieselbe Bedin-

gung gilt, muss die Länge des Raumes einer Halbwelle oder einem ganzzahligen Vielfachen entsprechen ($\cos(k_x x) = \pm 1$). Für k_x muss somit notwendigerweise

$$k_x = \frac{n_x \pi}{L_x}$$

gelten (n_x ganzzahlig). Für die übrigen Richtungen können ähnliche Lösungen bestimmt werden. Der Schalldruck im Raum kann durch Multiplikation der einzelnen, richtungsabhängigen Lösungen zu

$$p(x,y,z) = C \cos\left(\frac{n_x \pi x}{L_x}\right) \cos\left(\frac{n_y \pi y}{L_y}\right) \cos\left(\frac{n_z \pi z}{L_z}\right)$$

berechnet werden. Die Konstante C ist zur Anpassung des maximalen Schalldrucks an die Signalstärke der Quellen notwendig. Die ganzzahligen Variablen $n_{x/y/z}$ geben die Anzahl der Halbwellen in jeder Raumrichtung an und sind mit diskreten Frequenzen verknüpft. Obige Formel beschreibt eine dreidimensionale stehende Welle im Raum, wobei die Zeitabhängigkeit durch den Faktor $e^{j 2 \pi f t}$ in diesen Betrachtungen vernachlässigt wurde. Die stehenden Wellen besitzen Bäuche und Knoten, deren Lage durch Auswertung der Gleichung bestimmt werden kann [61]. In Abbildung 2.4 (a) ist eine zweidimensionale Welle ($n_x = 4$, $n_y = 2$) dargestellt. Die dunklen Bereiche deuten betragsmäßig hohe Amplituden an, in den weißen Gebieten ist die Amplitude nahezu null. In Abhängigkeit der Position des Empfängers und der Frequenz des Signals registriert der Sensor Druckschwankungen unterschiedlicher Stärke. Dieses einfache Beispiel zeigt ansatzweise bereits die Problematik der wellentheoretischen Behandlung der Raumakustik. Die Randbedingungen erfordern eine umfassende Anpassung der allgemeinen Lösungen der Wellengleichungen. Für realistische Umgebungen (Räume mit Ausstattung) ist eine theoretische Berechnung nicht mehr möglich. Numerische Verfahren, wie die Methode der finiten Elemente (FEM), oder die Randelementmethode (BEM) ermöglichen eine approximative Lösung der Wellengleichung, sind jedoch sehr rechenaufwendig und nur für kompakte Problemstellungen geeignet [51, 55].

Eine einfachere Behandlung der Schallausbreitung kann mit Hilfe der geometrischen Akustik erfolgen. Vor der Verwendung müssen jedoch die Bedingungen für die Anwendbarkeit überprüft werden. Wie bereits in Abschnitt 2.2.1 erwähnt, ist die Gültigkeit der Näherung von den Umgebungsbedingungen abhängig. Sind die Schallwellen im Verhältnis zu den

Hindernissen (v. a. zu den Wänden) klein, liefert die geometrische Akustik gute Ergebnisse, insbesondere für den Direktschall und die frühen Reflexionen, die für die Betrachtungen im Rahmen der Arbeit von besonderer Bedeutung sind. Prinzipiell ist es schwierig, eine konkrete Grenzfrequenz anzugeben. Die Deutsche Gesellschaft für Akustik empfiehlt, die Frequenz mit der Formel

$$f_{\text{gr}} = 2000 \sqrt{\frac{RT_{60}}{V}} \tag{2.8}$$

aus dem Raumvolumen V in m^3 und der Nachhallzeit in s zu berechnen [4]. Für einen Raum mit 100 m^3 und einer Nachhallzeit von 0,5 s ergibt sich beispielsweise eine Frequenz von etwa 150 Hz. Cremer und Müller vermeiden die Angabe einer Berechnungsvorschrift für die Grenzfrequenz, bestätigen jedoch die Anwendbarkeit der Verfahren, sofern vorrangig große und glatte Reflexionsflächen dominieren [32].

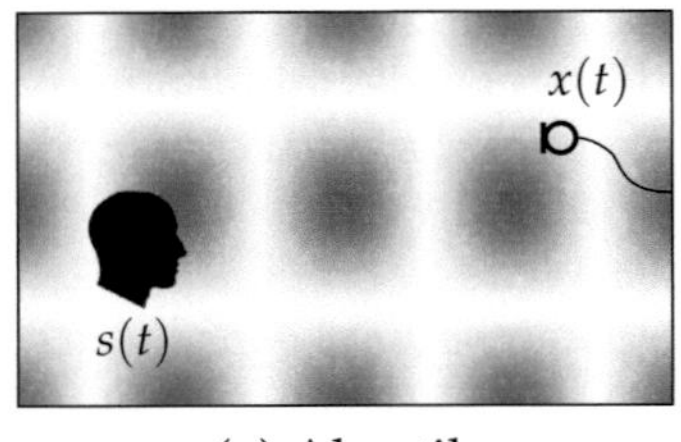

(a) Akustik

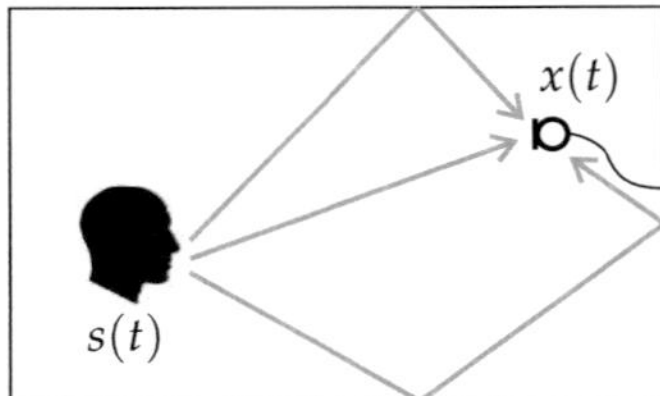

(b) geometrische Akustik

Abbildung 2.4. Beschreibung der Schallausbreitung in begrenzten Räumen.

In der geometrischen Akustik wird die Schallausbreitung entlang einzelner Strahlen angenommen. Für den Strahlverlauf in begrenzten Umgebungen gilt ausschließlich die Annahme des Reflexionsgesetzes. Ist die Position von Empfänger und Sender bekannt (siehe Abbildung 2.4 (b)), können die Ausbreitungswege für eine beliebige Anzahl an Reflexionen bestimmt werden. In diesem Fall sind Ausbreitungswege für den Direktschall und zwei Reflexionspfade eingezeichnet. Anhand der Strahllänge kann die Laufzeit der einzelnen Pfade bestimmt werden. Die Signalamplituden der Reflexionswege hängen einerseits von der Länge der Pfade, andererseits von den Absorptionseigenschaften der Wände bzw. Hindernisse ab. Die Amplitudenänderung des Direktschalls ist nur entfernungsabhängig. Auf der Basis der akustischen Näherung ist eine konkrete Darstellung der Raumimpulsantwort möglich. Existieren L mögliche Ausbreitungspfade, kann die Impulsantwort

$$a_{ji}(t) = \sum_{k=1}^{L} a_{ji}^{k}\, \delta(t - t_{ji}^{k}) \tag{2.9}$$

als Summe zeitverzögerter, gewichteter δ-Funktionen beschrieben werden. Die Indizes geben die Zugehörigkeit zur i-ten Quelle und zum j-ten Empfänger an.

Prinzipiell können bei der Schallausbreitung Effekte wie Beugung oder Streuung auftreten. Diese hängen von der Frequenz und der Größe der Objekte ab. Auf unsere Betrachtungen haben diese Effekte keinen bzw. nur geringen Einfluss und können somit vernachlässigt werden. Gegebenenfalls werden diese Aspekte an entsprechender Stelle wieder aufgegriffen.

Simulation der Raumakustik

Versuche in realen Umgebungen sind nicht beliebig durchführbar, denn die Größe des Raumes, die Absorptionseigenschaften der Wände und weitere relevante Parameter lassen sich nicht ohne weiteres ändern. Sofern kein Akustiklabor zur Verfügung steht, sind derartige Aufnahmen auch entsprechend aufwendig. Eine Alternative, insbesondere für grundlegende Experimente, ist die Simulation der Raumakustik. Mit Hilfe dieser Verfahren können Raumimpulsantworten berechnet und die Sensorsignale für beliebige Sender-Empfänger-Paare bestimmt werden. Die meisten Verfahren basieren auf dem Konzept der geometrischen Akustik.

Die 'Image Source Method' ist die einfachste Methode zur Bestimmung einer Impulsantwort. In der ursprünglichen Form ist das Verfahren auf rechteckige, leere Räume beschränkt. Die Ausbreitungswege werden entsprechend der geometrischen Akustik ermittelt. Eine effiziente Berechnung erfolgt durch die Spiegelung des Szenarios an den Achsen des Raumes (Abbildung 2.5 (a)). Die erste Reflexion an der oberen Wand kann jetzt äquivalent als Direktschall der gespiegelten Quelle dargestellt werden. Durch die Positionierung von Spiegelquellen können die relevanten Ausbreitungspfade einfach berechnet werden. Für jede Quelle werden der Abstand zum Empfänger und die Ordnung der Reflexionen bestimmt, um eine Dämpfung und Zeitverzögerung zu ermitteln. Die Anzahl der Ausbreitungspfade hängt von der Anzahl der Spiegelungen an den Wänden ab. Die Summation über alle betrachteten Pfade liefert eine Raumimpulsantwort, wie beispielweise in Abbildung 2.5 (b) dargestellt. Genauere Beschreibungen des Verfahrens sind in [6] oder [63] zu finden. Zusätzlich stehen bereits Implementierungen zur Verfügung, mit denen

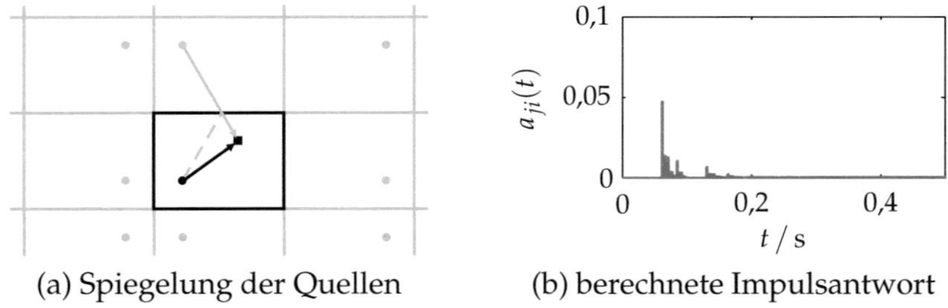

(a) Spiegelung der Quellen (b) berechnete Impulsantwort

Abbildung 2.5. Image Source Method zur Simulation von Raumimpulsantworten.

auch die Bewegung von Quellen simuliert werden kann.

Sind die Anforderungen an die Qualität der Simulation höher oder komplexere Geometrien (z. B. Einrichtungsgegenstände) zu berücksichtigen, liefert die einfache Spiegelmethode keine zuverlässigen Resultate. Kommerzielle Programme zur Simulation der Raumakustik, wie z. B. *Odeon* [2], können in diesem Fall zur Berechnung von Impulsantworten genutzt werden.

2.3. Blind Source Separation

Die 'source separation' (Quellentrennung) beschreibt, wie bereits in Kapitel 1 dargestellt, die Zerlegung einer beliebigen Überlagerung von Signalen in ihre ursprünglichen Signalanteile. Der Zusatz 'blind' berücksichtigt die Tatsache, dass keine Informationen, weder über die Originalsignale noch über die Lage der Quellen, vorhanden sind. Unter diesen Bedingungen ist eine Trennung der Signale nur möglich, wenn das Mischsignal mit mehr als einem Mikrofon aufgezeichnet wird und sich die Sensoren und Quellen an unterschiedlichen Positionen befinden. Im Folgenden wird das verwendete Konzept zur Trennung der Signale vorgestellt. Basierend auf den quellspezifischen Eigenschaften und der mathematischen Darstellung des Problems folgt die Herleitung der Lösungsansätze für den reflexionsfreien und für den reflexionsbehafteten Fall. Die Rekonstruktion der Signale wird im Frequenzbereich durchgeführt. Alle Betrachtungen werden für ein Sensorsetup bestehend aus zwei Mikrofonen (mit bekannten Abstand) durchgeführt. Eine Erweiterung auf mehrere Sensoren ist theoretisch möglich.

2.3.1. Geometrische Merkmale

Durch die Aufnahme eines Sprechers mit mehreren, versetzt positionierten Mikrofonen kann prinzipiell die Position der Quelle relativ zu den Sensoren ermittelt werden. Mit vier oder mehr Mikrofonen ist theoretisch eine exakte Positionsbestimmung im Raum möglich [88]. Stehen zwei Mikrofone (siehe Abb. 2.6 (a)) zur Verfügung, ist nur eine Schätzung der Einfallsrichtung möglich. Die Positions- bzw. Richtungsschätzung erfolgt durch Auswertung der Laufzeitunterschiede zwischen benachbarten Sensoren. Unter der Bezeichnung 'geometrische Merkmale' werden im weiteren Verlauf alle Größen zusammengefasst, die von der relativen Lage der Quellen abhängen und somit zur Unterscheidung der einzelnen Quellsignale herangezogen werden können.

Ein Schallsignal $s_1(t)$ breitet sich unter Freifeldbedingungen (keine Reflexionen) aus und wird mit zwei Mikrofonen aufgenommen. Die beiden Signale $x_1(t)$ und $x_2(t)$ sind zeitlich verzögerte und gedämpfte Ebenbilder des Originalsignals, beschrieben durch

$$x_j(t) = a_{j1}\, s_1(t - t_{j1}) \quad \text{mit} \quad t_{j1} = \frac{d_{j1}}{c_0}. \tag{2.10}$$

Die spezifische Laufzeit t_{j1} hängt vom Abstand d_{j1} zwischen der Quelle und dem j-ten Sensor und der Schallgeschwindigkeit c_0 ab. Sind nur die Sensorsignale bekannt, ist ausschließlich die Bestimmung des Laufzeitunterschiedes zwischen den beiden Sensoren möglich:

$$\Delta t_1 = t_{11} - t_{21} = \frac{d_{11} - d_{21}}{c_0} = \frac{d_1}{c_0}. \tag{2.11}$$

Die Zeitdifferenz (engl. 'time-delay of arrival', Abk.: TDOA) lässt sich mit Hilfe verschiedener Methoden zur Laufzeitbestimmung (Kap. 3.2) ermitteln.

Aus der Laufzeit- bzw. Wegdifferenz kann die Lage der Quelle relativ zu den Sensoren bestimmt werden. Bei Verwendung von zwei Sensoren ist eine Schätzung der absoluten Position nicht möglich. Es können nur die Kurven bzw. Flächen ermittelt werden, auf denen die Quelle liegen kann. Im zweidimensionalen Raum wird die Kurve aller Orte, die eine feste Wegdifferenz zu zwei Punkten (Sensorpositionen) im Raum aufweisen, durch eine Hyperbel beschrieben. Die korrespondierende Fläche im dreidimensionalen Raum ist durch ein Hyperboloid definiert [71]. Eine entsprechende Erläuterung der geometrischen Beziehungen folgt in Anhang A.

Ist der Abstand der Mikrofone klein gegenüber dem Abstand der Sensoren zur Quelle, kann die Schallwelle als ebene Welle betrachtet werden und die im Folgenden vorgestellte Näherung Verwendung finden. Die Einfallsrichtung des Schalls wird durch den Pfeil bei $s_1(t)$ angezeigt und die Wellenfront bewegt sich senkrecht zu den Pfeilen auf die Sensoren zu (siehe Abb. 2.6 (b)). Aus dem Abstand der Mikrofone d_M und der Differenz d_1 erfolgt die Bestimmung der Richtung (engl. 'direction-of-arrival', Abk.: DOA) mit Hilfe der Gleichung

$$\cos \alpha_1 = \frac{d_1}{d_M} = \frac{c_0 \cdot \Delta t_1}{d_M}. \tag{2.12}$$

Befinden sich mehrere Sprecher in einem Raum, müssen sich ihre Positio-

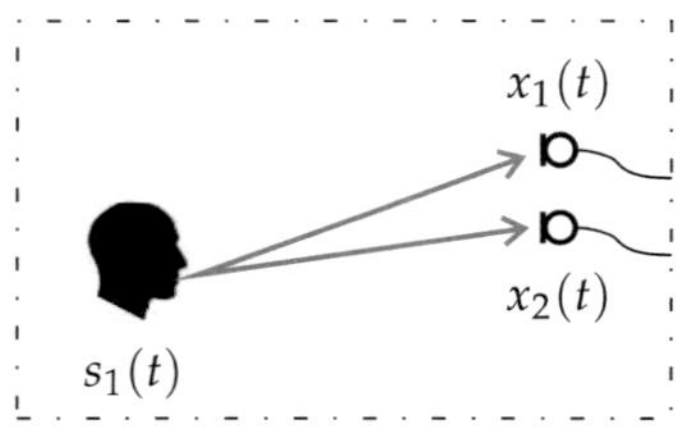

(a) Setup mit zwei Mikrofonen

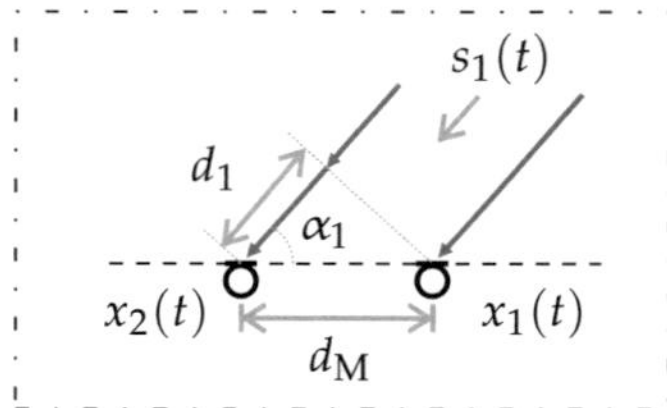

(b) geometrische Beziehungen

Abbildung 2.6. Geometrische Eigenschaften der Quellen bei Schallausbreitung im Freifeld.

nen als Bedingung für die Trennung der Signale unterscheiden. Es sollte berücksichtigt werden, dass der Einfallswinkel α_1 im dreidimensionalen Raum einen Kegel definiert, wodurch die möglichen Positionen der einzelnen Quellen eingeschränkt sind.

Im Hinblick auf die Betrachtungen zur Signaltrennung spielt die Phasenbeziehung zwischen den beiden Sensorsignalen eine wichtige Rolle.

In Abhängigkeit der Laufzeitdifferenz kann eine frequenzabhängige Phasendifferenz

$$\Delta\,\varphi_1(f) = 2\,\pi\,f\,\Delta\,t_{\!-} \tag{2.13}$$

bestimmt werden.

Neben der Einfallsrichtung des Schalls hängt auch der Schallpegel von der Position der Quellen ab. Der Amplitudenunterschied kann als weitere Eigenschaft zur Trennung genutzt werden [76, 104]. Im Rahmen dieser Arbeit wird diese Information nicht verwendet, denn bei geringen Abständen der Sensoren ist der Unterschied vernachlässigbar klein.

2.3.2. Mathematische Darstellung des Problems

Im Folgenden wird das Problem der Quellentrennung mathematisch formuliert. In reflexionsbehafteter Umgebung (allgemeiner Fall) wird das Sensorsignal bei einer aktiven Quelle entsprechend (2.7) bestimmt. Sind mehrere Quellen vorhanden, so besteht das Signal $x_j(t)$ aus einer additiven Überlagerung der M gestörten Quellsignale:

$$x_j(t) = \sum_{i=1}^{M} a_{ji}(t) * s_i(t). \tag{2.14}$$

Durch die Beschreibung der Raumimpulsantwort mit Hilfe der geometrischen Akustik (Gleichung 2.9) kann das Sensorsignal auch als Summe über M Quellen mit jeweils L Ausbreitungspfaden dargestellt werden. Es gilt

$$x_j(t) = \sum_{i=1}^{M}\sum_{k=1}^{L} a_{ji}^{k}\, s_i(t - t_{ji}^{k}). \tag{2.15}$$

Insbesondere aus (2.14) ist klar erkennbar, dass eine Lösung des Problems im Zeitbereich auf Grund des Faltungsoperators schwierig ist. Der Zusammenhang zwischen Faltung im Zeitbereich und Multiplikation im Frequenzbereich [82] wird genutzt, um eine andere Darstellungsform des Problems zu erhalten. Auf Grund der Instationarität der Sprachsignale ist eine Übergang in den reinen Frequenzbereich nicht möglich, das Signal muss in den Zeit-Frequenz-Bereich (Kapitel 3.1) transformiert werden.

Für den Übergang in den Bildbereich wird angenommen, dass die Schmalbandannahme der Array-Signalverarbeitung [104] gilt, die den Einfluss der Zeitbegrenzung bei der Transformation der Signale in den

Frequenzbereich betrachtet [14]. Die Annahme soll am Beispiel von Gl. 2.10 veranschaulicht werden. Für die gefensterten Transformationen von $x_j(t) = a_{j1} s_1(t - t_{j1})$ gemäß

$$\mathcal{F}^W\{x_1(t)\} = a_{11} S_1(\tau - t_{11}, f) \cdot e^{-j2\pi f t_{11}}$$

$$\mathcal{F}^W\{x_2(t)\} = a_{21} S_1(\tau - t_{21}, f) \cdot e^{-j2\pi f t_{21}}$$

muss

$$S_1(\tau - t_{11}, f) \approx S_1(\tau - t_{21}, f) \tag{2.16}$$

gelten. Dies ist erfüllt, wenn die Fensterlänge groß gegenüber der Laufzeitdifferenz ist. Die Großbuchstaben werden verwendet, um Variablen im Frequenz- bzw. Zeit-Frequenz-Bereich zu kennzeichnen (siehe Kap. 3.1).

Bei gültiger Schmalbandnäherung, kann eine Transformation des Signals in den Bildbereich erfolgen. Die Transformierte der Gleichung 2.14 weist die Struktur

$$X_j(\tau, f) \approx \sum_{i=1}^{M} A_{ji}(f) \cdot S_i(\tau, f). \tag{2.17}$$

auf. Für die Raumimpulsantwort wurde eine Einschränkung gemacht. Die Transformierte soll nur von der Frequenz abhängen. Die Gleichung wird exakt erfüllt, wenn die Impulsantwort kürzer als die Fensterlänge der Frequenztransformation ist. Für längere Raumimpulsantworten stellt die Formel eine gute Näherung dar, sofern die dominanten Signalanteile (Direktschall und erste Reflexionen) diese Anforderung erfüllen. Eine detailliertere Diskussion dieses Aspektes erfolgt bei der Besprechung der konkreten Anwendungsfälle. Im weiteren Verlauf wird auf die Verwendung des Approximationssymbols verzichtet. Durch die Schreibweise als Produkt besteht zudem die Möglichkeit, die Signale in Matrixform darzustellen:

$$\begin{bmatrix} X_1(\tau, f) \\ X_2(\tau, f) \end{bmatrix} = \underbrace{\begin{bmatrix} A_{11}(f) & \cdots & A_{1M}(f) \\ A_{21}(f) & \cdots & A_{2M}(f) \end{bmatrix}}_{\mathbf{A}(f)} \cdot \begin{bmatrix} S_1(\tau, f) \\ \vdots \\ S_M(\tau, f) \end{bmatrix}. \tag{2.18}$$

Die Information über die Signalausbreitung ist in der Mischmatrix $\mathbf{A}(f)$ erhalten. Aus Gleichung 2.18 sind die Schwierigkeiten bei der Quellentrennung am deutlichsten erkennbar. Weder die ursprünglichen Signale noch die Mischmatrix sind bekannt. Beides muss aus den Sensorsignalen geschätzt werden. Zudem ist die Matrix $\mathbf{A}(f)$ frequenzabhängig, wodurch Schätzungen für alle Frequenzen notwendig sind. Ist die Anzahl der Quellsignale größer als die Zahl der Sensorsignale ($M > 2$), ist das Gleichungssystem unterbestimmt und eine Rekonstruktion der Originalsignale nur unter Annahme zusätzlicher Einschränkungen möglich [34]. Basierend auf der mathematischen Darstellung der Signale lassen sich Ansätze zur Signaltrennung herleiten.

2.3.3. Signaltrennung im reflexionsfreien Fall

Im Folgenden wird ein Konzept zur Trennung der Signale auf der Basis der geometrischen Merkmale vorgestellt. Die Betrachtungen erfolgen zunächst für den reflexionsfreien Fall. Das Szenario ist in Abbildung 2.7 schematisch dargestellt. Aus den unterschiedlichen Abständen zu den Sensoren resultiert eine spezifische Laufzeitdifferenz für jede Quelle. Für die Sensorwerte gilt nach (2.15) bei Beschränkung auf $L = 1$ Ausbreitungspfad

$$x_j(t) = \sum_{i=1}^{M} a_{ji}\, s_i(t - t_{ji}).\tag{2.19}$$

Durch die lineare Transformation in den Zeit-Frequenz-Bereich wird die Zeitverschiebung durch eine Modulation ersetzt und die Summation bzw. die Multiplikation mit dem Vorfaktor bleiben erhalten. Im Bildbereich wird das Sensorsignal durch

$$X_j(\tau,f) = \sum_{i=1}^{M} a_{ji}\, e^{-j2\pi f t_{ji}}\, S_i(\tau - t_{ji},f)\tag{2.20}$$

dargestellt. Ist (2.16) erfüllt, lassen sich die Signale in Matrix-Vektor-Notation entsprechend

$$\begin{bmatrix} X_1(\tau,f) \\ X_2(\tau,f) \end{bmatrix} = \begin{bmatrix} a_{11}\, e^{-j2\pi f t_{11}} & \cdots & a_{1M}\, e^{-j2\pi f t_{1M}} \\ a_{21}\, e^{-j2\pi f t_{21}} & \cdots & a_{2M}\, e^{-j2\pi f t_{2M}} \end{bmatrix} \begin{bmatrix} S_1(\tau - t_{21},f) \\ \vdots \\ S_M(\tau - t_{2M},f) \end{bmatrix}\tag{2.21}$$

beschreiben. Diese Darstellung enthält die Laufzeiten t_{ji} zwischen den

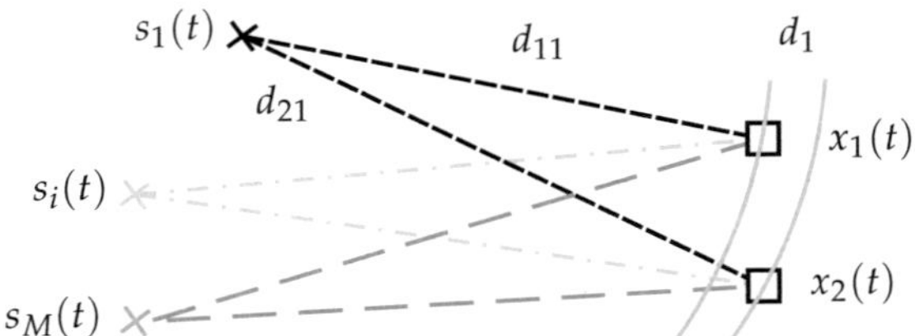

Abbildung 2.7. Schematische Darstellung der Schallausbreitung im reflexionsfreien Fall.

Quellen und Sensoren, die sich jedoch aus den Sensorsignalen nicht ermitteln lassen. Aus den Messdaten kann nur die spezifische Laufzeitdifferenz zwischen den Sensoren bestimmt werden. Für eine entsprechende
Anpassung der Gleichung wird der zweite Sensor als Referenz verwendet und die quellspezifischen Phasenverschiebungen den einzelnen Sprechern zugeordnet. Anhand der umformulierten Darstellung

$$\begin{bmatrix} X_1(\tau,f) \\ X_2(\tau,f) \end{bmatrix} = \begin{bmatrix} a_{11}\,e^{-j2\pi f(t_{11}-t_{21})} & \cdots & a_{1M}\,e^{-j2\pi f(t_{1M}-t_{2M})} \\ a_{21} & \cdots & a_{2M} \end{bmatrix} \begin{bmatrix} S_1(\tau-t_{21},f)\,e^{-j2\pi f t_{21}} \\ \vdots \\ S_M(\tau-t_{2M},f)\,e^{-j2\pi f t_{2M}} \end{bmatrix}$$

lassen sich die Eigenschaften der Quellentrennung gut beschreiben. Auf
Grund der unbekannten Laufzeit zwischen den Quellen und Sensoren
können nur die zeitverzögerten Signale rekonstruiert werden. Diese Tatsache ist explizit an den verschobenen Ursprungssignalen $S_i(\tau - t_{ji},f)$
erkennbar. Für die Behandlung der Koeffizienten bietet sich ein ähnliches
Vorgehen an. Analog zu den absoluten Laufzeiten können die ursprünglichen Signalamplituden nicht ermittelt werden. Für kleine Sensorabstände unterscheiden sich die quellspezifischen Amplituden nur marginal.
Somit gilt die Näherung

$$a_{1i} \approx a_{2i}\,.$$

Für größere Sensordistanzen ist diese Näherung nicht gültig und es können weitere Informationen durch Auswertung der Amplituden gewon-
nen werden. Das modifizierte Signalmodell hat für geringe Sensordistanzen die vereinfachte Form

$$\begin{bmatrix} X_1(\tau,f) \\ X_2(\tau,f) \end{bmatrix} = \begin{bmatrix} e^{-j2\pi f(t_{11}-t_{21})} & \cdots & e^{-j2\pi f(t_{1M}-t_{2M})} \\ 1 & \cdots & 1 \end{bmatrix} \begin{bmatrix} a_{21}\,S_1(\tau-t_{21},f)\,e^{-j2\pi f t_{21}} \\ \vdots \\ a_{2M}\,S_M(\tau-t_{2M},f)\,e^{-j2\pi f t_{2M}} \end{bmatrix}\,.$$

Am Quellsignalvektor ist klar erkennbar, dass nicht die ursprünglichen Signale rekonstruiert werden können, sondern nur die Einzelsignale an den Sensoren. Dieser Aspekt sollte prinzipiell berücksichtigt werden. Für eine vereinfachte Darstellung ersetzt man die Komponenten des Quellsignalvektors. Die Variable

$$S_{2i}(\tau, f) = a_{2i}\, S_i(\tau - t_{2i}, f)\, e^{-j2\pi f\, t_{2i}}.$$

beschreibt das i-te Quellsignal am 2-ten Sensor. Unter Verwendung der geometrischen Merkmale lassen sich die Gleichungen durch

$$
\begin{bmatrix} X_1(\tau,f) \\ X_2(\tau,f) \end{bmatrix} =
\begin{bmatrix} e^{-j2\pi f\Delta t_1} & \cdots & e^{-j2\pi f\Delta t_M} \\ 1 & \cdots & 1 \end{bmatrix}
\begin{bmatrix} S_{21}(\tau,f) \\ \vdots \\ S_{2M}(\tau,f) \end{bmatrix} \tag{2.22}
$$

$$
=
\begin{bmatrix} e^{-j\Delta\varphi_1(f)} & \cdots & e^{-j\Delta\varphi_2(f)} \\ 1 & \cdots & 1 \end{bmatrix}
\begin{bmatrix} S_{21}(\tau,f) \\ \vdots \\ S_{2M}(\tau,f) \end{bmatrix}
$$

darstellen. Die Vorstellung des Separationsansatzes im Frequenzbereich erfolgt anhand dieser Notation. Die prinzipielle Vorgehensweise lässt sich in drei Schritte aufteilen:

- Bestimmung der Mischmatrizen $\mathbf{A}(f)$ für jede Frequenz

- Rekonstruktion der Signale für alle Zeiten τ für jede Frequenz

- Zusammenführen der Ergebnisse.

Die Mischmatrizen sind nur von den quellenspezifischen Laufzeitdifferenzen abhängig. Nach Schätzung dieser Werte (Kap. 3.2) für alle Quellen können die Matrizen ermittelt werden. Bei der Aufstellung der Matrizen müssen für alle Frequenzen die quellenabhängigen Verzögerungen in der gleichen Spalte stehen. Damit wird das sogenannte Permutationsproblem vermieden [87]. Eine Beschreibung des Problems ist auf Seite 99 zu finden.

Sind die Matrizen $\mathbf{A}(f)$ für alle Frequenzen bekannt, folgt die Rekonstruktion der Koeffizienten der ursprünglichen Signale. Bei bestimmten Systemen ($M = 2$) können die Koeffizienten durch Matrixinversion berechnet werden. Für unterbestimmte Szenarien sind aufwendigere Methoden notwendig, wie z. B. in Abschnitt 3.4 beschrieben.

Anschließend muss eine sprecherspezifische Zuweisung der Koeffizienten erfolgen. Die inverse Zeit-Frequenz-Transformation liefert das rekonstruierte Originalsignal.

2.3.4. Einfluss der Mehrwegeausbreitung auf die geometrischen Eigenschaften

Ohne den Einfluss von Reflexionen eignen sich die geometrischen Merkmale zur Trennung der Signale. Als Nächstes stellt sich jedoch die Frage, ob der zuvor beschriebene Ansatz auch in reflexionsbehafteter Umgebung anwendbar ist. Anhand theoretischer Überlegungen wird die Verwendbarkeit der geometrischen Merkmale diskutiert. Für die folgenden Betrachtungen wird die Gültigkeit der geometrischen Näherung vorausgesetzt.

Als erstes Beispiel soll das Szenario in Abbildung 2.8 (a) dienen. Für einen Sprecher sind drei Ausbreitungspfade unterschiedlicher Länge dargestellt. Die korrespondierenden Paare des Direktschalls und der Refle-

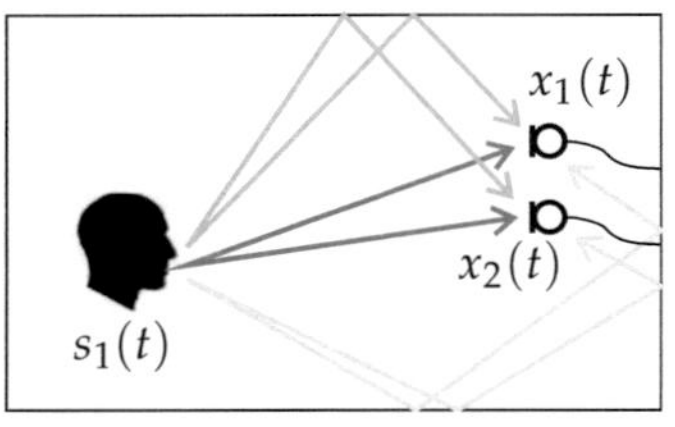

(a) Schallausbreitung

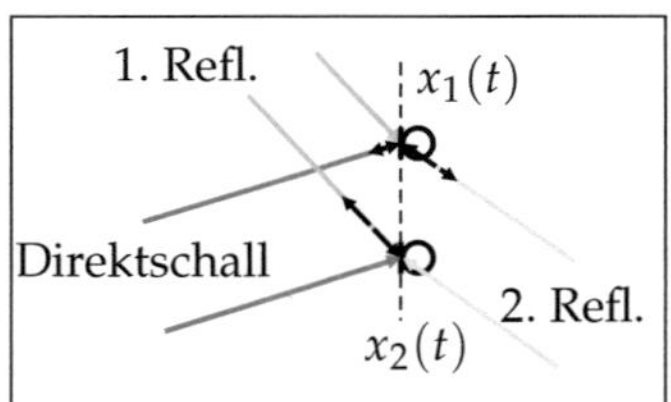

(b) Wegdifferenzen

Abbildung 2.8. Mehrwegeausbreitung in reflexionsbehafteter Umgebung. Exemplarische Darstellung für drei Ausbreitungspfade.

xionen besitzen charakteristische Wegdifferenzen (siehe Abb. 2.8 (b)), die durch Doppelpfeile gekennzeichnet sind. Mögliche Raumimpulsantworten für dieses Szenario sind in Abbildung 2.9 (a) skizziert. Die angegebenen Zeiten Δt_1^k lassen sich mit Gl. 2.11 aus den Wegdifferenzen ermitteln, wobei $k = 0$ den direkten Pfad und $k \neq 0$ die reflexionsbehafteten Pfade kennzeichnet.

Neben der Untersuchung der Laufzeiten ist eine Betrachtung der frequenzabhängigen Phasendifferenzen notwendig. In der Zeichnung 2.9 (b) sind die Phasenterme (für eine feste Frequenz) in Exponentialdarstellung

$a_1^k(f) \cdot e^{j \Delta \varphi_1^k(f)}$ in der komplexen Ebene für jeden Ausbreitungsweg dargestellt. Die Amplitude $a_1^k(f)$ berücksichtigt die Dämpfung entlang des Pfades und wird als Mittelwert der Sensoramplituden ermittelt. Die Berechnung des resultierenden Vektors $a_1(f) \cdot e^{j \Delta \varphi_1(f)}$ erfolgt durch Vektoraddition der drei Komponenten. Die Phasendifferenz $\Delta \varphi_1(f)$ und die Amplitude $a_1(f)$ stimmen nicht mit den Werten des Direktschalls überein. Die Abweichungen sind abhängig von den Amplituden und Pha-

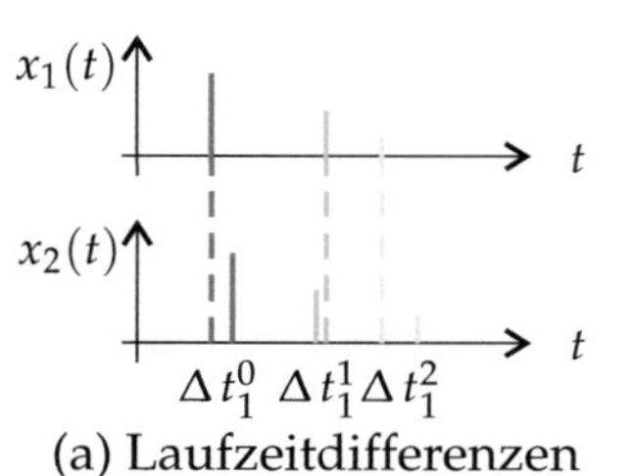

(a) Laufzeitdifferenzen

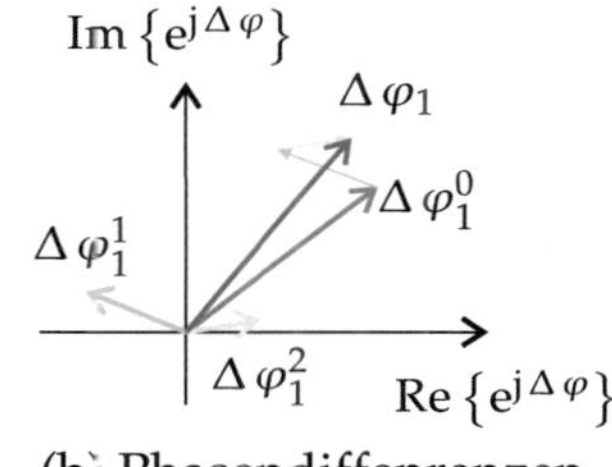

(b) Phasendiffenrenzen

Abbildung 2.9. Laufzeit- und Phasendifferenzen bei der Mehrwegeausbreitung (auf die Kennzeichnung der Frequenzabhängigkeit der Phasendifferenzen wird aus Darstellungsgründen verzichtet).

senlagen der Reflexionen. Bei einer geringen Anzahl an Reflexionswegen wäre eine Identifikation der einzelnen Pfade und die Bestimmung der Kennwerte durch eine Berücksichtigung der Ausbreitungswege möglich.

In der Realität sind die Rahmenbedingungen auf Grund der hohen Anzahl an Reflexionen jedoch deutlich komplexer. Um den Einfluss der reellen Umgebungsbedingungen auf die Amplitude und Phasenlage abzuschätzen, können die unterschiedlichen Bereiche der Raumimpulsantwort betrachtet werden. Für den Direktschall und die begrenzte Anzahl an frühen Reflexionen können die Überlegungen zu dem einfachen Beispiel übernommen werden. Die frühen Reflexionen besitzen eine beliebige, frequenzabhängige Phasenlage und verursachen eine Abweichung des resultierenden Vektors von der spezifischen Phasendifferenz des Direktschalls. Im Bereich des Nachhalls der Impulsantworten finden sich korrespondierende Paare mit langen Ausbreitungswegen. Die Anzahl der Paare ist sehr hoch, die Amplituden sind jedoch sehr gering. Durch die Addition vieler Vektoren mit ähnlicher Amplitude und beliebiger Phase wird die Summe, gemäß dem Gesetz der großen Zahlen [24], nahe beim Ursprung liegen. Der Nachhall hat somit nur einen geringen Einfluss auf

Amplitude und Phasenwert des Vektors. Eine Abweichung von der Phasendifferenz des Direktschalls wird somit vorrangig von den frühen Reflexionen verursacht.

In Abbildung 2.10 ist jeweils ein Histogramm für die Phasendifferenzen bei Schallausbreitung im Freifeld und in einem begrenzten Raum ($RT_{60} = 250\,\text{ms}$) dargestellt. Im reflexionsfreien Fall ist der Zusammen-

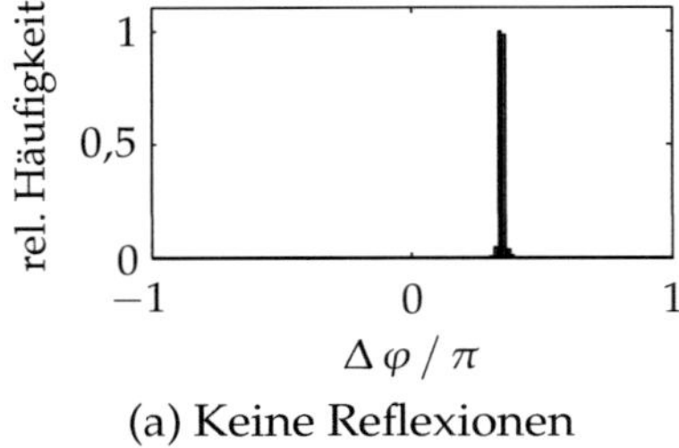

(a) Keine Reflexionen

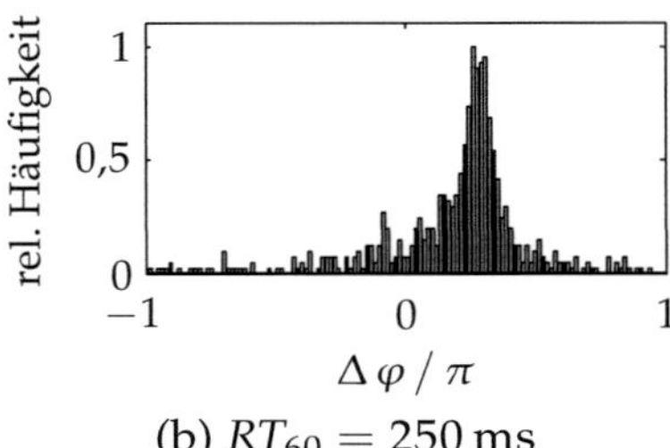

(b) $RT_{60} = 250\,\text{ms}$

Abbildung 2.10. Relative Häufigkeit der Phasendifferenzen für $f = 0{,}1\,f_\text{A}$ (Maximalwert normiert auf 1).

hang zwischen der Phasendifferenz und der Laufzeit (Gl. 2.13) klar erkennbar. Das Histogramm in Abbildung 2.10 (b) weist hingegen eine deutliche Streuung der Phasendifferenzen um einen bestimmten Wert auf. Der Mittelwert lässt sich entsprechend der vorhergehenden Argumentation erklären. Die Streuung soll anhand der Skizze 2.11 veranschaulicht werden. Ein Eingangssignal bestehend aus drei Diracimpulsen wird mit zwei kompakten Raumimpulsantworten gefaltet. Auf Grund der Analyse im Zeit-Frequenz-Bereich erfolgt die Betrachtung der Signale innerhalb begrenzter Zeitfenster. Es ist jedoch nicht bekannt, welche Reflexionen in diesem Fenster liegen bzw. ob die Reflexionen nur von der Anregung eines Impulses stammen. Das führt, je nach Lage der Analysefenster, zu einer Variation der Phasendifferenzen. Die Anregung durch die menschliche Sprache und die Raumimpulsantworten bedingen letztendlich das Histogramm in Abb. 2.10 (b). Eine allgemeingültige, mathematische Beschreibung dieses Sachverhaltes ist nicht möglich.

Um den Einfluss der Mehrwegeausbreitung nicht nur für eine Frequenz beurteilen zu können, ist eine gemeinsame Darstellung aller Frequenzen und Phasendifferenzen sinnvoll. Für einzelne Frequenzen liefert ein Histogramm bereits eine gute Beschreibung der Verteilung der Phasenwerte. Die spaltenweise Anordnung der Histogramme für alle Fre-

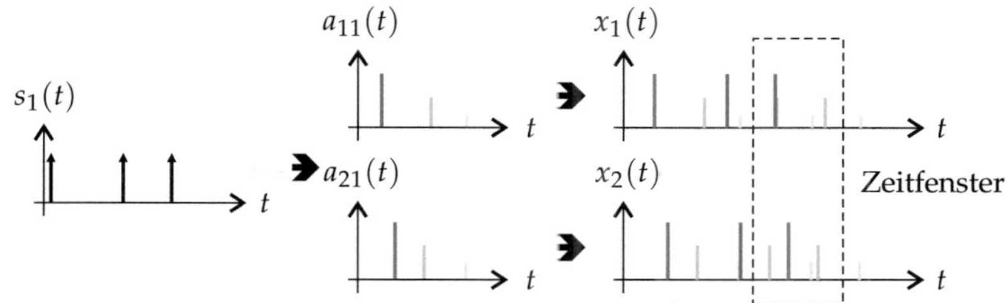

Abbildung 2.11.   Einfluss des Analysezeitfensters auf die Phasendifferenzen.

quenzen (mit aufsteigender Frequenz) liefert eine Matrix, wobei die Häufigkeit der einzelnen Phasenwerte in den Komponenten enthalten ist. Die Darstellung der Matrizen als Bilder zeigt die Abhängigkeit von Frequenz und Phasendifferenz. Die Sprünge zwischen $-\pi$ und π resultieren aus der Periodizität der komplexen Exponentialfunktion.

In Abbildung 2.12 (a) ist der Zusammenhang für die Schallausbreitung im reflexionsfreien Raum dargestellt. Der lineare Verlauf ist deutlich erkennbar. Für reflexionsbehaftete Umgebungen treten die beschriebenen Abweichungen von der Phasendifferenz des Direktschalls auf (siehe Abb. 2.12 (b)-(d)). In allen drei Darstellungen ist erkennbar, dass sich die Mittelwerte der frequenzabhängigen Phasendifferenzen entlang einer gedachten Linie anordnen. Die Daten für die Abbildungen 2.12 (b) und (c) wurden im Rahmen der *SiSEC* [3] zur Verfügung gestellt, die Messwerte für die letzte Darstellung im Rahmen einer Diplomarbeit [121] aufgezeichnet. Die Steigung in den ersten drei Bildern zeigt einen Laufzeitunterschied an. Bei der Datenaufnahme im letzten Fall hatte die Quelle denselben Abstand zu beiden Sensoren. Allgemeine Informationen zu den verwendeten Datensätzen sind in Anhang B zu finden.

2.3.5. Signaltrennung im reflexionsbehafteten Fall

Die Betrachtungen zur Mehrwegeausbreitung werden im Folgenden für die Anpassung der Matrixdarstellung in Gl. 2.23 im reflexionsbehafteten Fall verwendet. Der lineare Zusammenhang zwischen Phasendifferenzen und Laufzeitunterschied ist nicht mehr gültig. Anhand der Verteilung der Phasendifferenzen lässt sich für jede Quelle ein Erwartungswert angeben, der jedoch üblicherweise nicht mit der Phasendifferenz bei Freifeldausbreitung übereinstimmt. Dementsprechend hat die Gleichung die modi-

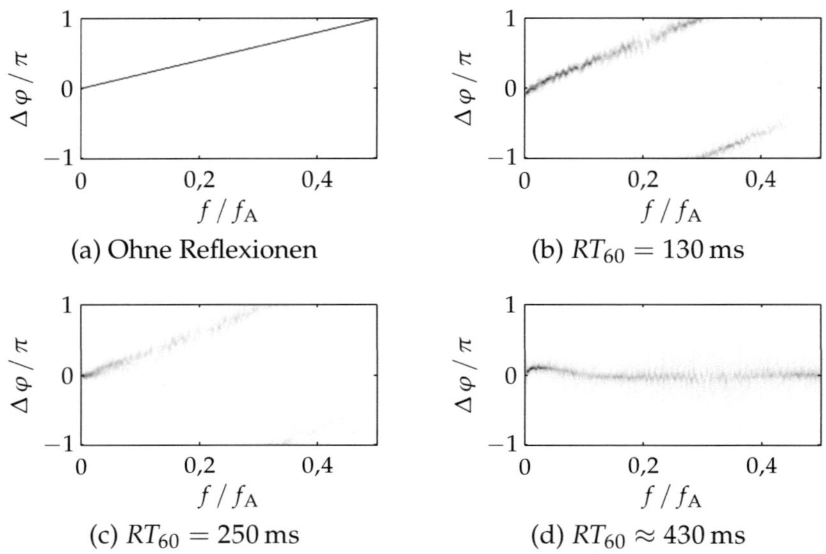

(a) Ohne Reflexionen

(b) $RT_{60} = 130\,\mathrm{ms}$

(c) $RT_{60} = 250\,\mathrm{ms}$

(d) $RT_{60} \approx 430\,\mathrm{ms}$

Abbildung 2.12. Abhängigkeiten zwischen Frequenz und Phasendifferenz.

fizierte Form

$$\begin{bmatrix} X_1(\tau,f) \\ X_2(\tau,f) \end{bmatrix} = \begin{bmatrix} e^{-j\Delta\varphi_1^{E}(f)} & \cdots & e^{-j\Delta\varphi_M^{E}(f)} \\ 1 & \cdots & 1 \end{bmatrix} \cdot \begin{bmatrix} S_{21}(\tau,f) \\ \vdots \\ S_{2M}(\tau,f) \end{bmatrix}, \qquad (2.23)$$

wobei der Index E den Erwartungswert der charakteristischen Phasendifferenzen jeder einzelnen Quelle kennzeichnet. Analog zu den Betrachtungen ohne Reflexionen enthält der Quellsignalvektor nicht die Originalsignale, sondern in diesem Fall die verhallten Einzelsignale an einem
Sensor. Für jede Frequenz müssen die Kenngrößen der Mischmatrix unabhängig ermittelt werden. Zur Schätzung der spezifischen Phasendifferenzen $\Delta\varphi_i^{E}(f)$ können statistische Verfahren Verwendung finden (siehe
Kap. 3.3). Bei der Bestimmung der Koeffizienten wird nach demselben
Konzept wie im reflexionsfreien Fall vorgegangen. In Abhängigkeit der
konkreten Vorgehensweise kann in diesem Fall aber das Permutationsproblem (S. 99) auftreten, das bei der Zusammenführung der Koeffizienten gelöst werden muss.

3. Methoden der Signalverarbeitung

Die Beschreibung des grundlegenden Konzeptes zur Separation der Signale erfolgte im vorhergehenden Kapitel. Für die Rekonstruktion der Signale ist der Übergang in den Zeit-Frequenz-Bereich, die Detektion der Laufzeiten, die Ermittlung statistischer Größen zur Bestimmung der Mischmatrizen und die Schätzung der Koeffizienten der Originalsignale notwendig.

Für die Umsetzung der einzelnen Schritte sind verschiedene Verfahren aus dem Bereich der Signalverarbeitung notwendig. Diese werden im Folgenden vorgestellt.

3.1. Zeit-Frequenz-Darstellung

Die Separation der Signale im Zeitbereich ist auf Grund der Faltung der Eingangssignale mit den spezifischen Raumimpulsantworten sehr anspruchsvoll. Um das Problem zu vereinfachen, wird der Zusammenhang zwischen der Faltung im Zeitbereich und der Multiplikation im Frequenzbereich verwendet. Eine reine Transformation in den Frequenzbereich ist, wie bereits in Kapitel 2.3 angedeutet, nicht ausreichend.

An einem Beispiel soll die Notwendigkeit der Zeit-Frequenz-Darstellung (ZFD) motiviert werden. Abbildung 3.1 zeigt einen kurzen Ausschnitt eines Sprachsignals. Die Signalform ändert sich über die Zeit und besitzt nur innerhalb begrenzter Bereiche einen ähnlichen Verlauf. Diese Eigenschaft wird als Quasistationarität bezeichnet. Bei Sprachsignalen gilt die Stationarität normalerweise für einen Zeitraum von 20-30 ms [81]. Eine Analyse des abgebildeten Signals über den gesamten Abschnitt mit Hilfe der Fourier-Transformation [82]

$$X_j(f) = \int_{-\infty}^{\infty} x_j(t)\, e^{-j2\pi ft}\mathrm{d}t = \langle x_j(t), e^{j2\pi ft}\rangle \tag{3.1}$$

liefert eine Aussage über die beteiligten Frequenzen. Ein Rückschluss auf die zeitliche Änderung des Frequenzgehalts ist jedoch nicht möglich. Die unterschiedliche Charakteristik am Anfang und Ende des Signals kann nicht aus $X_j(f)$ bestimmt werden. Die Analyse zeitlich begrenz-

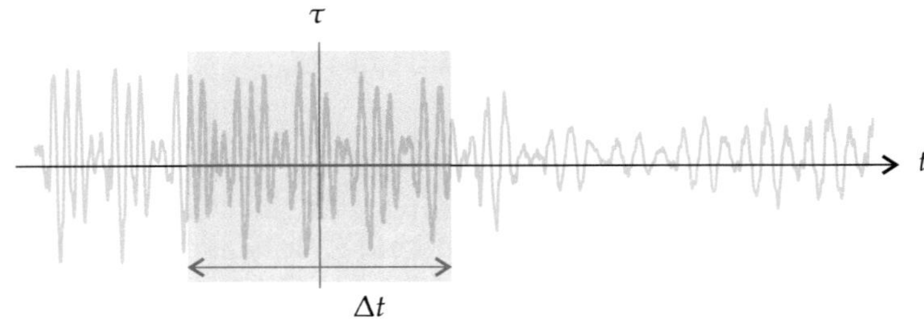

Abbildung 3.1. Quasistationarität eines Sprachsignals in einem Fenster der Breite Δt um τ.

ter Abschnitte des Signals ermöglicht eine Lösung des Problems. Durch die Bestimmung der Frequenzanteile in jedem Abschnitt kann der zeitveränderliche Frequenzgehalt angegeben werden. Diese Beschreibungsform wird als Zeit-Frequenz-Darstellung bezeichnet. Für die Transformation eines Signals in den Zeit-Frequenz-Bereich existieren verschiedene Verfahren [57, 29]. Die bekannteste und am weitesten verbreitete Methode ist die Kurzzeit-Fourier-Transformation (engl. 'short-time Fourier transform', Abk.: STFT). Die STFT ist den linearen Zeit-Frequenz-Darstellungen zugeordnet und findet auch bei den meisten Verfahren zur Quellentrennung Verwendung. Eine weitere Möglichkeit zur Bestimmung einer entsprechenden Darstellung eines Signals ist die (lineare) Wavelet-Transformation bzw. deren Erweiterungen. Im Hinblick auf Alternativen zur STFT bei der Signaltrennung soll diese Transformation ebenfalls untersucht werden. Im Folgenden werden die beiden Methoden vorgestellt und verglichen.

Bei der Verwendung linearer Transformationen sollte prinzipiell beachtet werden, dass die Verfahren der Heisenberg'schen Unschärferelation unterliegen. Eine exakte Bestimmung der Signalanteile in Zeit und Frequenz ist nicht möglich. Die Genauigkeit der Darstellung ist durch ein minimales Zeitdauer-Bandbreite-Produkt von $\frac{1}{4\pi}$ beschränkt. Eine bessere Auflösung liefern nur quadratische Zeit-Frequenz-Darstellungen, wie z. B. die Wigner-Ville-Verteilung, die jedoch auf Grund der komplexen

Berechnung nicht für diesen Anwendungsfall betrachtet wurden. Weitere Informationen finden sich in [21].

3.1.1. Kurzzeit-Fourier-Transformation

Dieser Abschnitt enthält eine kompakte Beschreibung der Kurzzeit-Fourier-Transformation und ihrer diskreten Realisierung. Für weitere Informationen wird auf die angegebene Literatur verwiesen.

Kontinuierliche Transformation

Entsprechend der einleitenden Beschreibung ist eine zeitliche Begrenzung des Signals auf stationäre Bereiche notwendig. Die Beschränkung erfolgt durch Multiplikation des Signals mit einer Fensterfunktion $\gamma(t - \tau)$, die auch als Analysefenster bezeichnet wird. Die Variable τ ermöglicht eine beliebige Verschiebung des Fensters.

Definition 3.1 (Kurzzeit-Fourier-Transformation) *Die Transformierte des Signals $x_j(t)$ bezüglich des Analysefensters $\gamma(t)$ ist durch*

$$
\begin{aligned}
X_j(\tau, f) &= \mathcal{F}\{x_j(t)\,\gamma^*(t - \tau)\} \\
&= \int_{-\infty}^{\infty} x_j(t)\,\gamma^*(t - \tau)\,\mathrm{e}^{-\mathrm{j}2\pi ft}\mathrm{d}t \\
&= \langle x_j(t), \gamma(t - \tau) \cdot \mathrm{e}^{\mathrm{j}2\pi ft}\rangle
\end{aligned}
\tag{3.2}
$$

gegeben.

Diese Darstellung ist eine der einfachsten und anschaulichsten Interpretationen der Kurzzeit-Fourier-Transformation. Das Signal wird mit Hilfe einer Fensterfunktion begrenzt und unter Verwendung der klassischen Fourier-Transformation in die Zeit-Frequenz-Ebene überführt. Anhand der Darstellung als Innenprodukt kann die Transformation auch als Vergleich des Signals $x_j(t)$ mit zeit- und frequenzverschobenen Fensterfunktionen gedeutet werden (Abbildung 3.2 (a)). Die Fenster verdeutlichen die Tatsache, dass die Signalenergie nicht zu einem exakten Punkt in der Zeit-Frequenz-Ebene berechenbar ist, sondern nur für den Bereich innerhalb eines Fensters. Die Fenstergröße bestimmt die Zeit- bzw. Frequenzauflösung.

Die Rekonstruktion des Signals im Zeitbereich erfolgt durch Integration über alle Frequenzen und Zeitverschiebungen. Für das resultierende Signal gilt:

$$\hat{x}_j(t) = \int\limits_{-\infty}^{\infty} \int\limits_{-\infty}^{\infty} X_j(\tau, f)\, \tilde{\gamma}(t - \tau)\, e^{j2\pi f t}\mathrm{d}\tau\mathrm{d}f. \tag{3.3}$$

Die Funktion $\tilde{\gamma}(t - \tau)$ wird Synthesefenster genannt. Die Rücktransformation des Signals ist jedoch nur unter Einhaltung der Rekonstruktionsbedingung möglich, welche durch

$$\langle \tilde{\gamma}(t), \gamma(t) \rangle = \int\limits_{-\infty}^{\infty} \tilde{\gamma}(t)\gamma^*(t)\mathrm{d}t \overset{!}{=} 1 \tag{3.4}$$

gegeben ist. Ein entsprechender Nachweis findet sich in [57]. Als Fensterfunktion kann beispielsweise eine Gauß-Funktion verwendet werden.

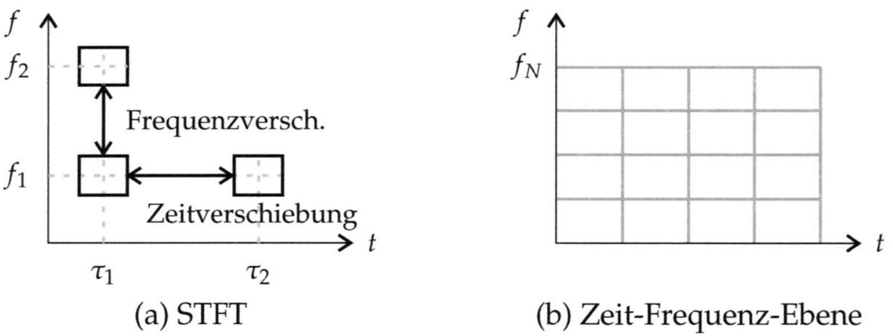

(a) STFT

(b) Zeit-Frequenz-Ebene

Abbildung 3.2. Analyse und Darstellung der Kurzzeit-Fourier-Transformation im Zeit-Frequenz-Bereich.

Diskrete Transformation

Für die Verarbeitung der abgetasteten Signale im Rechner ist eine diskrete Implementierung der STFT notwendig. Aus diesem Grund erfolgt eine Diskretisierung der Zeit- und Frequenzverschiebungen. Die Transformierte einer Folge von N Abtastwerten ergibt sich mit den diskreten Werten $\tau = m\,T$ und $f = k\,F$ zu

$$X_j(m,k) = \sum_{n=0}^{N-1} x_j(n)\gamma^*(n - m\,\Delta\,M)\mathrm{e}^{-\mathrm{j}2\pi kn/K}, \qquad (3.5)$$

mit dem ganzzahligen Wert $\Delta M = T/t_\mathrm{A}$. Entsprechend der kontinuierlichen Realisierung besteht die Transformation aus einer Fensterung des diskreten Signals $x(n)$ mit einem Analysefenster, gefolgt von einer diskreten Fourier-Transformation mit der Frequenzauflösung F. Die diskreten Schrittweiten T und F werden als Vielfache der Abtastrate t_A und der Frequenzauflösung $\Delta f = f_\mathrm{A}/N$ gewählt und müssen bestimmte Anforderung erfüllen, damit eine Rekonstruktion der Signale möglich ist. Die Bedingungen werden ausführlich in [102] und [57] hergeleitet. Aus den diskreten Verschiebungen resultiert eine äquidistante Aufteilung der Zeit-Frequenz-Ebene, wie sie in Abbildung 3.2 (b) angedeutet ist.

Die Rekonstruktion des diskreten Signals berechnet sich zu

$$\hat{x}_j(n) = \sum_{m=0}^{M-1}\sum_{k=0}^{K-1} X_j(m,k)\tilde{\gamma}(n - m\Delta M)\mathrm{e}^{\mathrm{j}2\pi kn/K}. \qquad (3.6)$$

Für die Analyse- und Synthesefenster können entsprechend dem kontinuierlichen Fall Gültigkeitsbedingungen hergeleitet werden.

3.1.2. Analytische Wavelet-Packets

Durch die Analyse der Sensorsignale mit Hilfe der analytischen Wavelet-Packets (AWP) ist ebenfalls eine adäquate Darstellung der Signale in der Zeit-Frequenz-Ebene möglich. Zusätzlich liefert die Transformation eine signalangepasste Aufteilung der Frequenzachse. Im Folgenden wird die Wavelet-Transformation zusammengefasst und deren Erweiterung zu den Wavelet-Packets beschrieben. Auf dieser Grundlage erfolgt eine Erläuterung der analytischen Wavelet-Packets [102].

Wavelet-Transformation

Ein entscheidender Nachteil der Kurzzeit-Fourier-Transformation ist die äquidistante Aufteilung der Zeit-Frequenz-Ebene. Verschiedene Signale

(z. B. Sprachsignale) weisen jedoch eine andere Charakteristik auf: niederfrequente Signalanteile treten zumeist über einen längeren Zeitraum auf, wohingegen hohe Frequenzen oft zeitlich stark lokalisiert sind. Um diese Eigenschaften besser berücksichtigen zu können, wurde die Wavelet-Transformation entwickelt [57].

Definition 3.2 (Wavelet-Transformation) *Die Wavelet-Transformation ergibt sich als Innenprodukt des Signals $x_j(t)$ und der Funktion $\psi_{a,b}(t)$:*

$$X_j^W(a,b) = \langle x_j(t), \psi_{a,b}(t) \rangle \tag{3.7}$$

$$= \frac{1}{\sqrt{|a|}} \int_{-\infty}^{\infty} x_j(t)\, \psi^* \left(\frac{t-b}{a} \right) \mathrm{d}t.$$

Die Funktion $\psi_{a,b}(t)$ beschreibt skalierte und zeitverschobene Basisfunktionen, welche sich aus dem sogenannten Mother-Wavelet $\psi(t)$ nach

$$\psi_{a,b}(t) = \frac{1}{\sqrt{|a|}}\, \psi \left(\frac{t-b}{a} \right)$$

bestimmen lassen. Das Mother-Wavelet muss mittelwertfrei sein.

Mittelwertfrei bedeutet in diesem Fall, dass die mittlere Frequenz des Mother-Wavelet nicht null sein darf ($f_\psi \neq 0$). Diese Bedingung ist notwendig, um durch Skalierung eine Variation der Frequenzen zu erhalten. Der Vorfaktor garantiert die Energieerhaltung bei der Skalierung [57]. Der Einfluss der Skalierung ist in Abbildung 3.3 (a) aufgezeigt. Eine Darstellung in Abhängigkeit des Parameters a ist einerseits nicht sehr anschaulich, andererseits ist auch ein Vergleich mit der STFT nicht ohne weiteres möglich. Durch die Wahl von $\tau := b$ und $f := \frac{f_\psi}{a}$ lässt sich eine Zeit-Frequenz-Darstellung der Wavelet-Transformation bestimmen:

$$X_j^W(\tau,f) = \sqrt{\left| \frac{f}{f_\psi} \right|} \int_{-\infty}^{\infty} x_j(t)\, \psi^* \left(\frac{f}{f_\psi}(t-\tau) \right) \mathrm{d}t. \tag{3.8}$$

Die Vorgehensweise bei der Rücktransformation in den Zeitbereich ist ähnlich zur Kurzzeit-Fourier-Transformation. Als einzige Bedingung

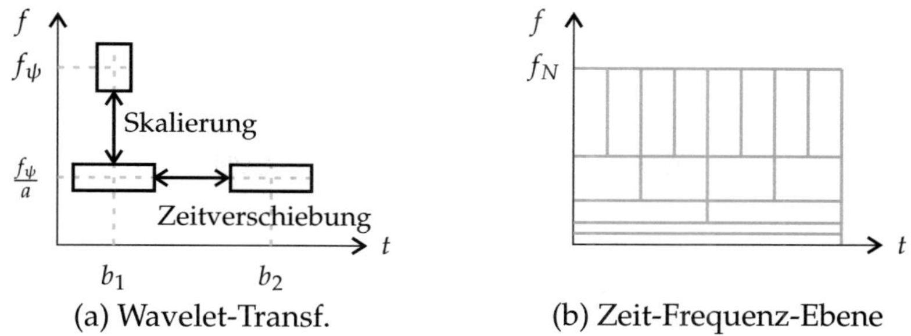

(a) Wavelet-Transf.　　　　　(b) Zeit-Frequenz-Ebene

Abbildung 3.3. Analyse und Darstellung der Wavelet-Transformation im Zeit-Frequenz-Bereich.

muss für ein stetiges, begrenztes Signal $\psi(t)$ die Ungleichung

$$C_\psi = \int_{-\infty}^{\infty} \frac{|\psi(t)|^2}{|t|}\,\mathrm{d}t < \infty \tag{3.9}$$

gelten. Ist diese sog. Zulässigkeitsbedingung erfüllt, kann das Signal gemäß

$$\hat{x}_j(t) = \frac{1}{C_\psi} \int_{0}^{\infty} \int_{-\infty}^{\infty} X_j^W(a,b)\,\frac{1}{\sqrt{|a|}}\,\psi\left(\frac{t-b}{a}\right)\,\mathrm{d}b\frac{\mathrm{d}a}{a^2} \tag{3.10}$$

als Doppelintegral über die beiden Variablen rekonstruiert werden. Eine umfassendere Behandlung der kontinuierlichen Transformation ist in [57] zu finden. Dort werden auch Beispiele für typische Wavelets, wie z. B. das Haar- oder Gabor-Wavelet, ausführlich besprochen.

Die diskrete Wavelet-Transformation wird entsprechend ihrem Namen zeit- und frequenzdiskret berechnet. Bei geeigneter Wahl des Mother-Wavelet $\psi(t)$ bilden dessen skalierte und zeitverschobene Versionen zusammen mit den verschobenen Exemplaren einer Skalierungsfunktion $\phi(t)$ eine orthonormale Basis für ein reellwertiges Signal. Dieses Signal kann mit Hilfe der Wavelets und Skalierungsfunktionen in

$$x(t) = \sum_{n=-\infty}^{\infty} c(n)\,\phi(t-n) + \sum_{k=0}^{\infty} \sum_{n=-\infty}^{\infty} d_k(n)2^{k/2}\psi(2^k t - n) \tag{3.11}$$

zerlegt werden. Die Koeffizienten lassen sich als Innenprodukt

$$c(n) = \int_{-\infty}^{\infty} x(t)\,\phi(t-n)\mathrm{d}t \tag{3.12}$$

$$d_k(n) = 2^{k/2} \int_{-\infty}^{\infty} x(t)\,\psi(2^k t - n)\mathrm{d}t$$

berechnen. Die explizite Bestimmung der Transformation ist jedoch sehr aufwendig [90].

Im Jahr 1989 veröffentlichte Mallat [68] ein Verfahren zur Berechnung der diskreten Wavelet-Transformation mit Hilfe von Multiraten-Filterbänken. Die Basis für das Verfahren bildet die Mehrfachauflösungsanalyse ('multi-resolution analysis'), welche die sukzessive Zerlegung eines Signals in Approximations- und Detailsignale beschreibt. Die Approximation wird durch die Projektion des Signals auf zeitverschobene Skalierungsfunktionen bestimmt, für die Detailsignale werden Wavelets als Basisfunktionen verwendet. Daraus lässt sich eine Filterbankstruktur ableiten, die eine effiziente Berechnung erlaubt (siehe Abb. 3.4). Sie besteht

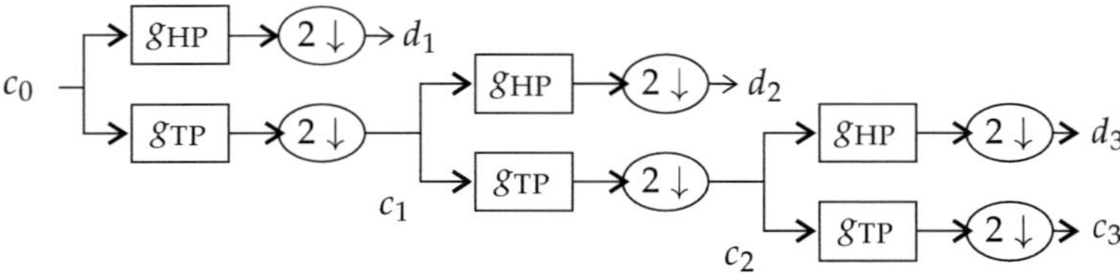

Abbildung 3.4. Dreistufige Filterbank zur Berechnung der diskreten Wavelet-Transformation.

aus mehreren Stufen, welche jeweils einen Tief- und einen Hochpassfilter enthalten. Die Filter können aus der Skalierungs- (Tiefpass) und der Wavelet-Funktion (Hochpass) abgeleitet werden. Im Anschluss an die Filterung der Signale erfolgt ein Downsampling um den Faktor 2, d. h. jeder zweite Wert wird auf null gesetzt. Die Tiefpassfilterung liefert die Koeffizienten der Approximationssignale (c_{k+1}), die Hochpassfilterung die Koeffizienten der Detailsignale (d_{k+1}). Durch die Verwendung der beiden Filter wird die Frequenzauflösung erhöht, durch das Downsampling die Zeitauflösung in jeder Stufe erniedrigt. Die Berechnung der Koeffizienten einer vierstufigen Filterbank führt beispielsweise zu der in Abbildung 3.3 (b) skizzierten Aufteilung der Zeit-Frequenz-Ebene. Mathematisch lässt sich die Vorgehensweise durch die beiden Gleichungen

$$c_{k+1}(m) = \sum_{n=-\infty}^{\infty} g_{\mathrm{TP}}(2\,m - n)\, c_k(n) \tag{3.13}$$

$$d_{k+1}(m) = \sum_{n=-\infty}^{\infty} g_{\mathrm{HP}}(2\,m - n)\, c_k(n) \tag{3.14}$$

beschreiben. Für die Koeffizienten c_0 gilt im Anwendungsfall $c_0(n) = x(n)$. Die Rücktransformation erfolgt durch

$$c_k(m) = \sum_{n=-\infty}^{\infty} h_{\mathrm{TP}}(m - 2\,n)\, c_{k+1}(n) + \sum_{n=-\infty}^{\infty} h_{\mathrm{HP}}(m - 2\,n)\, d_{k+1}(n). \tag{3.15}$$

Die Synthesefilterbank besitzt eine ähnliche Struktur wie die Analysefilterbank, wird jedoch in die andere Richtung durchlaufen. Dementsprechend muss das Downsampling durch ein Upsampling ersetzt werden. Die Filter h_{TP} und h_{HP} lassen sich aus den Analysefiltern der Transformation ableiten.

Wavelet-Packets

Die Wavelet-Transformation ermöglicht eine frequenzscharfe Darstellung der niedrigen Frequenzen und eine zeitlich gute Lokalisation hoher Frequenzen. Wünschenswert wäre jedoch eine signalangepasste Aufteilung der Zeit-Frequenz-Ebene. Mit Hilfe der Wavelet-Packets lässt sich eine entsprechende Darstellung bestimmen. Für die Transformation werden nicht nur die Approximationen der Reihe nach aufgespalten, sondern beide Pfade der Filterbank (siehe Abb. 3.5). In dem oberen Pfad müssen in bestimmten Stufen die Hoch- und Tiefpässe vertauscht werden. Die Begründung für die Vertauschung und weitere Informationen sind in [69] zu finden.

In jeder Stufe ist die vollständige Information über das Signal enthalten. Durch die Aufspaltung in einen mehrstufigen Baum erhält man somit eine redundante Darstellung des Signals. Je nach Wahl der Koeffizienten ist eine beliebige Aufteilung der Zeit-Frequenz-Ebene möglich. Beispielsweise führt die Wahl der grau unterlegten Koeffizienten in Abbildung 3.5 zur nebenstehend skizzierten Aufteilung der Ebene.

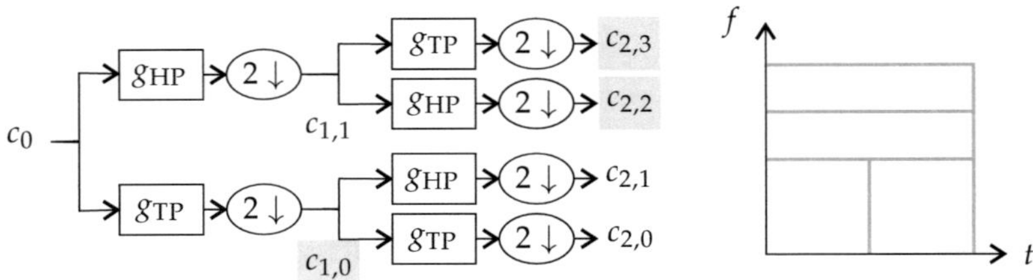

Abbildung 3.5. Baumstruktur der Wavelet-Packets und resultierende Aufteilung der Zeit-Frequenz Ebene für die gekennzeichnete Wahl der Koeffizienten.

Um eine signalangepasste Frequenzaufteilung zu erhalten, ist jedoch eine geschickte Wahl der Koeffizienten notwendig. Die Darstellung wird in diesem Fall als angepasst bezeichnet, wenn die Signalenergie in möglichst wenigen, betragsmäßig hohen Koeffizienten konzentriert ist ('Beste Basis'). Diese Basis wird durch Minimierung eines Approximationsfehlers bestimmt [30, 69].

Erweiterung zu analytischen Darstellungen

Die reellen Wavelet-Transformationen besitzen einige Nachteile, die in [90] und [102] diskutiert werden. Beispiele sind die Verschiebungsvarianz und die Oszillationen der Koeffizientenverläufe. Die Verschiebungsvarianz soll an einem einfachen Beispiel erläutert werden. Zwei identische, kompakte Signale sind um wenige Abtastwerte gegeneinander verschoben. Die Filter in der ersten Stufe bedingen identische, entsprechend verschobene Koeffizienten. Im Downsamplingschritt wird jeder zweite Koeffizient verworfen, d. h. die Koeffizienten c_1 können unabhängig von der Verschiebung bereits unterschiedliche Werte aufweisen. Die Oszillationen der Koeffizientenverläufe sind der Bandpassstruktur der Wavelets geschuldet (siehe Abb. 3.6 (b)). Die Projektion eines Signals (z. B. einer Delta-Funktion) auf diese Funktion würde schwankende Koeffizienten liefern. Diese Veränderungen sind ungünstig für die Signalanalyse, denn der Koeffizientenbetrag wird häufig als Energiegehalt in einem bestimmten Bereich der Zeit-Frequenz-Ebene interpretiert.

Die Kurzzeit-Fourier-Transformation bzw. die Fourier-Transformation besitzen auf Grund der komplexen Basisfunktionen keinen dieser Nachteile. Die Basisfunktionen der STFT sind zeitlich begrenzte, harmonische Schwingungen:

$$\mathrm{e}^{\mathrm{j}2\pi f t} \cdot \gamma^*(t - \tau) = (\cos(2\,\pi f\,t) + \mathrm{j}\,\sin(2\,\pi f\,t)) \cdot \gamma^*(t - \tau).$$

Der Betrag der Funktion entspricht der Einhüllenden, wie in dem Beispiel in Abbildung 3.6 (a) erkennbar ist. Ein oszillierender Verlauf der Koeffizientenbeträge ist nicht zu erwarten, und eine Verschiebung eines Signals wird nur durch eine Änderung der Phase berücksichtigt.

Analog zur Fourier-Transformation kann ein komplexwertiges Wavelet

$$\psi_\mathrm{C}(t) = \psi_\mathrm{R}(t) + \mathrm{j}\,\psi_\mathrm{I}(t) \tag{3.16}$$

definiert werden [90]. Die Funktion $\psi_\mathrm{I}(t)$ ist die Hilberttransformierte der reellen Basisfunktion $\psi_\mathrm{R}(t)$. Die gleiche Vorgehensweise gilt für die Skalierungsfunktion.

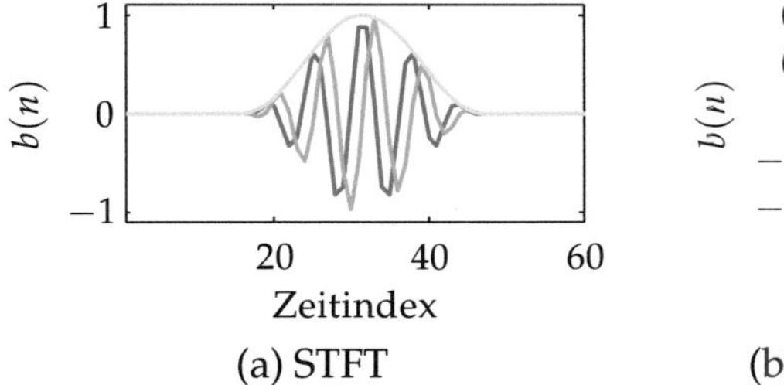
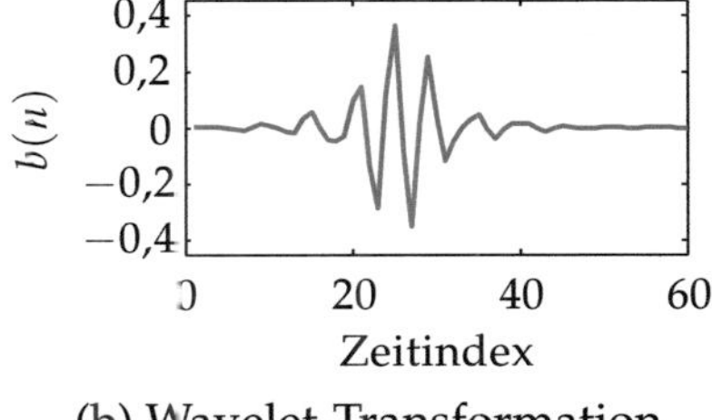

(a) STFT

(b) Wavelet-Transformation

Abbildung 3.6. Ausgewählte Basisfunktionen der relevanten Zeit-Frequenz-Transformationen. Für die STFT sind der reelle (dunkelgrau) und imaginäre Anteil (hellgrau) eingezeichnet.

Eine effiziente Umsetzung der komplexen Transformationen kann auch in diesem Fall durch den Einsatz von Multiraten-Filterbänken erfolgen. Auf Grund der Linearität der Transformation gilt das Additionstheorem und die Berechnung kann für reelle und imaginäre Wavelets separat durchgeführt werden. Für die komplexe Wavelet-Transformation (engl. 'complex discrete wavelet transform', Abk.: CDWT) sind zwei Filterbänke notwendig, die jeweils dieselbe Struktur wie bei der diskreten Transformation in Abb. 3.4 aufweisen [90]. Die Filter werden aus den jeweiligen Wavelets und Skalierungsfunktionen abgeleitet, wobei sich die Filter der ersten Stufe von den Filtern der weiteren Stufen unterscheiden. Die Erweiterung der Wavelet-Packets zu den analytischen Wavelet-Packets (AWP) ist aufwendiger, denn es ist nicht ausreichend, die Struktur (siehe Abb. 3.5) zu duplizieren und jeweils reelle und imaginäre Filter zu verwenden. Die konkrete Vorgehensweise zur Ermittlung der Baumstruktur ist in [102] angegeben. Unter Verwendung dieser Filterbank lassen sich analytische Basisfunktionen bestimmen. Eine entsprechende Auswahl an Funktionen und deren korrespondierenden Frequenzantworten ist in Abbildung 3.7 für eine geeignete Filterwahl skizziert. Die komplexen Basis-

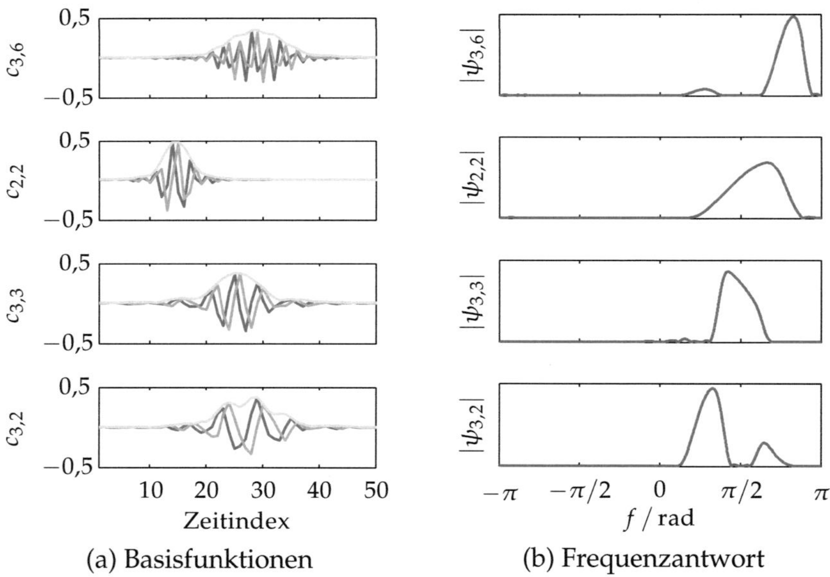

(a) Basisfunktionen　　　　(b) Frequenzantwort

Abbildung 3.7. Verschiedene Basisfunktionen und Amplitudengänge für einzelne Koeffizienten. Als Filterfunktionen wurden ein 'Symmlet 4' für die erste Filterstufte und ein 'qShift 14' für die weiteren Stufen verwendet.

funktionen bestehen aus zwei ähnlichen, zeitlich verschobenen Funktionen und sind mit den skizzierten Basisfunktionen der Kurzzeit-Fourier-Transformation vergleichbar. Auch die Einhüllende hat näherungsweise einen glatten Verlauf, nur teilweise sind leichte Schwingungen erkennbar. Die Betrachtung der Amplitudengänge zeigt die Nachteile der Transformation. Die Frequenzantworten sind nicht symmetrisch zur korrespondierenden Mittenfrequenz und es können Nebenmaxima auftreten. Die Symmetrie der Amplitudengänge erhöht sich prinzipiell mit der Filterlänge.

3.1.3. Vergleich der Verfahren

Nach der Vorstellung der beiden Verfahren zur Zeit-Frequenz-Transformation sollen diese im Hinblick auf ihre Verwendung zur Signaltrennung betrachtet werden. Für die Separation der Signale ist die Phaseninformation notwendig. Aus diesem Grund sind nur die komplexen Wavelet-Transformationen (CDWT und AWP) für die weiteren Ausführungen relevant. Für den Vergleich mit der Kurzzeit-Fourier-Transformation werden die analytischen Wavelet-Packets verwendet, weil diese eine dynamische Aufteilung der Zeit-Frequenz-Ebene ermöglichen. Der folgende Vergleich basiert auf den Betrachtungen in [110, 111].

Allgemeine Eigenschaften

Die Beschreibung der allgemeinen Eigenschaften soll die wichtigsten Unterschiede der Transformationen herausstellen und die vorhergehenden Betrachtungen kurz zusammenfassen. Die STFT kann als Innenprodukt des Signals mit einem zeit- und frequenzverschobenen Fenster interpretiert werden. Die Analysefunktion besteht aus einer zeitlich begrenzten Funktion (z. B. Hann-Fenster) multipliziert mit einer harmonischen Schwingung. Die Schwingung entspricht einer Diracfunktion im Frequenzbereich, und das Spektrum des reellen Fensters ist symmetrisch. Damit erhält man symmetrische Amplitudengänge. Die Interpretation als Innenprodukt gilt ebenfalls für die AWP, wobei die Fensterfunktionen durch Skalierung und Zeitverschiebung berechnet werden. Durch die Implementierung als Filterbank und die Wahl der Filterfunktionen besitzen die Frequenzantworten einen unsymmetrischen Amplitudenverlauf.

Der Rechenaufwand ist ebenfalls ein wichtiges Merkmal. Für die STFT lässt sich nur der Rechenaufwand für die Transformation der einzelnen Zeitfenster bestimmen. Hierzu wird der FFT-Algorithmus verwendet, dessen Rechenkomplexität mit $O(N \cdot \mathrm{ld}(N))$ [82] angegeben werden kann. Durch die effiziente Implementierung als Multiraten-Filterbank hat die diskrete Wavelet-Transformation eine Komplexität von $O(N)$ [69], wobei in diesem Fall das vollständige Signal analysiert wird. Für die Berechnung der CDWT ist auf Grund der doppelten Filterstruktur auch die zweifache Rechendauer notwendig. Eine Abschätzung des Aufwandes für die AWP ist schwieriger. Auf Grund der vollständigen Aufspaltung des Filterbaumes und der zusätzlichen Basiswahl ist die Rechenzeit im Gegensatz zur CDWT deutlich erhöht. Bei der Bestimmung der Berechnungsdauer der Wavelet-Transformationen müssen ebenfalls die Filterlängen berücksichtigt werden. Hierbei ist ein Kompromiss aus hoher Filterlänge (symmetrischer Amplitudengang) und akzeptabler Rechenzeit notwendig.

Signaldarstellung

In den vorhergehenden Abschnitten wurde zwar häufig die signalangepasste Aufteilung des Frequenzbereichs durch die (analytischen) Wavelet-Packets erwähnt, die konkreten Vorteile für die Signaltrennung jedoch noch nicht diskutiert. Zu Beginn soll das Beispiel in Abbildung 3.8 betrachtet werden. Für beide Transformationen wurde dieselbe minimale Frequenzaufteilung gefordert. Bei der STFT ist damit die Aufteilung der Zeit-Frequenz-Ebene festgelegt, was zu dem äquidistanten Raster in der linken Abbildung führt. Mit den AWP kann theoretisch die gleiche Auflösung im Frequenzbereich erreicht werden. Für die Frequenzen im Bereich $f > 0{,}1\,f_\mathrm{A}$ liefern die Wavelet-Packets jedoch eine hohe Zeitschärfe und das Signal wird in deutlich weniger Frequenzbänder unterteilt.

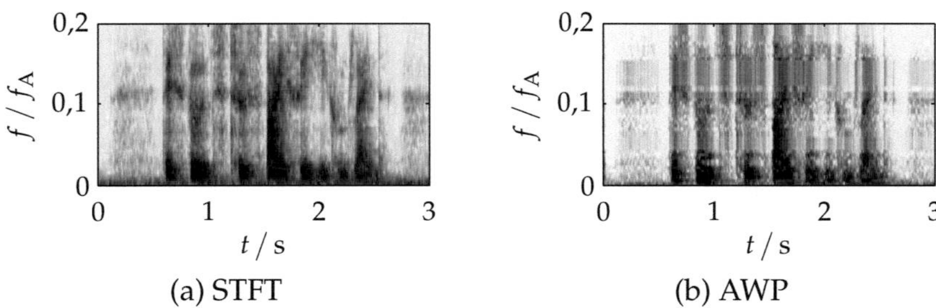

Abbildung 3.8. Logarithmische Darstellung eines Sprachsignals in der Zeit-Frequenz-Ebene ($f_\mathrm{A} = 16\,\mathrm{kHz}$).

Eine Darstellung des Signals mit weniger Frequenzbändern kann zu Vorteilen bei der Signaltrennung führen. Aus diesem Grund soll untersucht werden, wie viele Koeffizienten im Frequenzbereich durchschnittlich bei der AWP gewählt werden, wenn die gleiche Auflösung wie bei der STFT gefordert wird. Für eine verlässlichere Aussage zur benötigten Anzahl an Koeffizienten wurden die Zeit-Frequenz-Darstellungen von 20 Sprachsignalen (männliche und weibliche Sprecher) ermittelt. In Tabelle 3.1 sind die Anzahl der positiven Koeffizienten N_K, in welche das Signal aufgeteilt wird, angegeben. Zudem wurde die Anzahl der betragsmäßig größten Koeffizienten bestimmt, die zusammen 90 bzw. 95 Prozent der Gesamtenergie enthalten ($N_{0,9}$ und $N_{0,95}$). Für alle betrachteten Fälle wird jeweils die Standardabweichung angegeben. Das Signal wird bei

	N_K	$N_{0,9}$	$N_{0,95}$
STFT	512	$48,45 \pm 34,94$	$77,95 \pm 54,65$
	256	$25,45 \pm 17,66$	$40,50 \pm 27,39$
	128	$13,70 \pm 8,75$	$21,30 \pm 13,67$
AWP	$242,70 \pm 64,14$	$39,35 \pm 14,80$	$55,60 \pm 20,73$
	$166,45 \pm 35,29$	$21,55 \pm 7,80$	$31,95 \pm 11,98$
	$91,55 \pm 17,21$	$10,75 \pm 4,08$	$15,50 \pm 5,99$

Tabelle 3.1. Durchschnittliche Anzahl an positiven Koeffizienten mit Angabe der Standardabweichung zur Darstellung von Sprachsignalen (für 20 Testsignale [1]).

den AWP in Frequenzrichtung in deutlich weniger Koeffizienten aufgeteilt. Das Verhältnis hängt stark von der minimalen Frequenzaufteilung ab und fällt mit wachsendem N_K. Die Unterschiede bei $N_{0,9}$ und $N_{0,95}$ sind geringer, insbesondere weil die Energie bei Sprachsignalen vorrangig im unteren Frequenzbereich lokalisiert und dort die Aufteilung der beiden Zeit-Frequenz-Darstellungen ähnlich ist. Die geringere Zeitvarianz in diesem Bereich führt zu der entsprechenden Knotenwahl bei der AWP ('Beste Basis'). Die hohen Standardabweichungen sind der unterschiedlichen Sprachcharakteristik geschuldet.

Phaseninformation

Die Phasendifferenz ist zur Trennung der Signale im Frequenzbereich notwendig, kann bei der Analyse mit reellen Wavelets aber nicht ermittelt werden. Durch die Erweiterung zu den analytischen Wavelet-Transformationen ist in den Koeffizienten auch eine Phaseninformation enthalten. Für eine qualitative Bewertung wird ein Sprachsignal im reflexionsfreien Raum betrachtet. Es werden die Phasendifferenzen aus den Zeit-Frequenz-Darstellungen (STFT und AWP) ermittelt und in ein Frequenz-Phasendifferenzen-Bild eingetragen. Für die Kurzzeit-Fourier-Transformation ist in Abb. 3.9 (a) der lineare Verlauf klar erkennbar. In dem danebenliegenden Bild ist die dynamische Frequenzaufteilung der analytischen Wavelet-Packets ersichtlich. Zusätzlich treten Abweichungen vom idealen Verlauf auf, die ihre Ursache im Amplitudengang der Frequenzantworten (Abbildung 3.7 (b)) haben. Die mittlere Frequenz der Basisfunktionen liegt innerhalb der Hauptmaxima der Frequenzantworten. Ist die Signalenergie in einem bestimmten Zeitschritt jedoch im Bereich der Nebenmaxima lokalisiert, ergibt sich eine frequenzspezifische Phasendifferenz, die mit der mittleren Frequenz in keinem direkten Zusammenhang steht. Auch im reflexionsbehafteten Fall (Abb. 3.9 (c,d)) ist

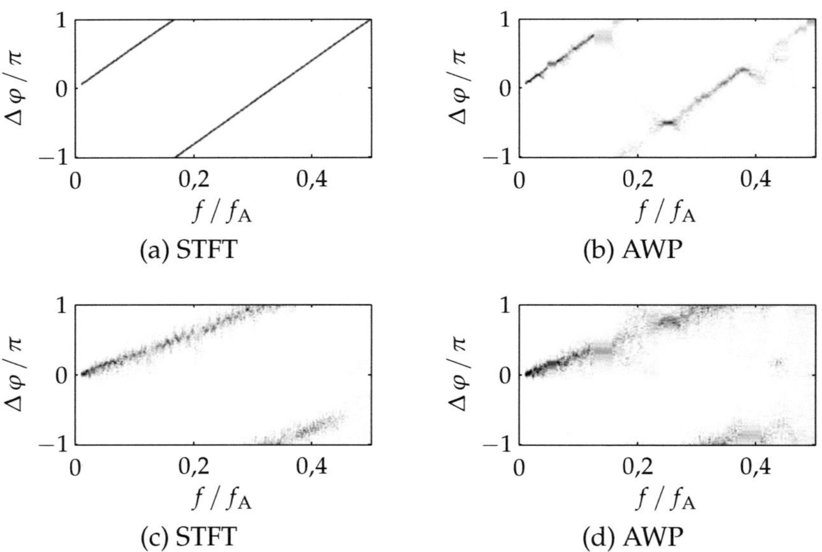

Abbildung 3.9. Einfluss der Transformation auf die Phasendifferenz im reflexionsfreien Fall (oben) und für $RT_{60} = 250\,\mathrm{ms}$ (unten) für bis zu 256 positive Frequenzbänder.

der Unterschied zwischen den beiden Transformationen erkennbar. Die Auswirkungen sind nicht mehr so signifikant wie unter Freifeldbedingungen. Die Analyse eines Signals mit der STFT liefert trotzdem eine genauere Phaseninformation. Für eine anwendungsspezifische Aussage muss jedoch der konkrete Einfluss der Zeit-Frequenz-Transformation auf die Resultate der Quellentrennung betrachtet werden.

3.2. Laufzeitschätzung

Die Bestimmung der unterschiedlichen Laufzeiten bzw. der Schalleinfallsrichtungen (DOA) liefert wichtige Informationen zur Separation der Signale. Im reflexionsfreien Fall ist diese Information sogar ausreichend zur Ermittlung der Mischmatrizen. Im Folgenden werden zwei Verfahren zur Laufzeitbestimmung vorgestellt, wobei die Korrelationsverfahren eine Schätzung der Laufzeit ermitteln, das Verfahren auf der Basis der Radontransformation hingegen eine Richtungsschätzung liefert. Ein Vergleich der Methoden ist wegen der Beziehung

$$\alpha_1 = \arccos\left(\frac{\Delta t_1\, c_0}{d_\mathrm{M}}\right) \tag{3.17}$$

ohne weiteres möglich (siehe Kap. 2.3.1) und erfolgt im Anschluss. Einen guten Überblick sowie eine Bewertung verschiedener Methoden zur Laufzeitschätzung liefert Chen et al. [26].

3.2.1. Korrelationsverfahren

Die Korrelation ist ein Maß für die lineare Ähnlichkeit zweier Signale. Diese Kenngröße bietet sich für die Bestimmung der Laufzeit an, da Schallsignale, die von einer Quelle emittiert werden, auch nach der Ankunft an verschiedenen Sensoren eine gewisse Ähnlichkeit aufweisen. Für grundlegende Informationen zur Korrelationsmesstechnik ist beispielsweise [56] zu empfehlen.

Kreuzkorrelation

Die Kreuzkorrelation berechnet das Ähnlichkeitsmaß $R_{x_1,x_2}(\tau)$ zweier Signale $x_1(t)$ und $x_2(t)$ für beliebige Zeitverschiebungen τ durch die Integration über das Produkt der beiden Signale:

$$R_{x_1,x_2}(\tau) = \int\limits_{-\infty}^{\infty} x_1(t)\, x_2(t+\tau)\, \mathrm{d}t. \tag{3.18}$$

Eine effiziente Bestimmung im Frequenzbereich ist mit Hilfe der spektralen Kreuzleistungsdichte $S_{x_1,x_2}(f) = X_1(f) \cdot X_2^*(f)$ möglich. Die Werte

$$R_{x_1,x_2}(\tau) = \int_{-\infty}^{\infty} S_{x_1,x_2}(f)\, e^{j2\pi f\tau} df, \tag{3.19}$$

ergeben sich aus der Rücktransformation in den Zeitbereich. Bei der diskreten Realisierung ist die Beobachtungszeit beschränkt (N_T Abtastwerte) und das Integral geht in eine Summation über.

Generalized cross correlation

Die verallgemeinerte Kreuzkorrelation (engl. 'generalized cross correlation', Abk.: GCC) stellt eine Weiterentwicklung der Kreuzkorrelation dar. Die Methode wurde 1976 von Knapp und Carter [58] veröffentlicht und ist eine der bekanntesten Methoden zur Laufzeitschätzung. Die Berechnung erfolgt im Frequenzbereich:

$$R_{x_1,x_2}^{\mathrm{GCC}}(\tau) = \int_{-\infty}^{\infty} W(f)\, S_{x_1,x_2}(f)\, e^{j2\pi f\tau} df. \tag{3.20}$$

Im Vergleich zur Kreuzkorrelation unterscheidet sich die GCC nur um den Vorfaktor $W(f)$. Für die Wahl des frequenzabhängigen Faktors wurden bereits von Knapp et al. unterschiedliche, anwendungsspezifische Funktionen vorgestellt. Für die Laufzeitschätzung in reflexionsbehafteter Umgebung eignet sich insbesondere die 'Phase Transform'

$$W_{Phat}(f) = \frac{1}{|S_{x_1,x_2}|},$$

die eine amplitudenunabhängige Betrachtung der Frequenzen ermöglicht. Sie wird im weiteren Verlauf als Vorfaktor verwendet. Die allgemeine Gleichung kann man dementsprechend zu

$$R_{x_1,x_2}^{\text{GCC}}(\tau) = \int_{-\infty}^{\infty} \frac{1}{|S_{x_1,x_2}|}\, S_{x_1,x_2}(f)\, e^{j2\pi f\tau}\mathrm{d}f \tag{3.21}$$

$$= \int_{-\infty}^{\infty} e^{j\left(\arg[S_{x_1,x_2}(f)]\right)} e^{j2\pi f\tau}\mathrm{d}f = \int_{-\infty}^{\infty} e^{j\Delta\varphi(f)} e^{j2\pi f\tau}\mathrm{d}f$$

vereinfachen. Es wird nur noch die Phasendifferenz zwischen den Sensorsignalen transformiert. Für die diskrete Realisierung gilt:

$$R_{x_1,x_2}^{\text{GCC}}(n) = \sum_{k=0}^{N_T} e^{j\,\Delta\varphi(f_k)}\, e^{j\,2\pi n\,\frac{k}{N_T}}. \tag{3.22}$$

Die Transformation in den Frequenzbereich erfolgt mit einer N_T-Punkte-DFT [26].

3.2.2. Modifizierte Radontransformation

Die Radontransformation [18] ist ein Verfahren, das zur Detektion von Geraden in Bildern verwendet werden kann. Im Folgenden wird eine Methode vorgestellt, die eine Schätzung der Laufzeit bzw. Einfallsrichtung auf der Basis dieser Transformation liefert. Als Grundlage dienen die Frequenz-Phasendifferenz-Darstellungen, die bereits in Abschnitt 2.3.4 vorgestellt wurden. Die Detektion der linienhaften Strukturen in Abb. 2.12 sollen mit Hilfe der Radontransformation erfolgen und eine Schätzung der Schallrichtung ermöglichen. Die Betrachtungen zu der modifizierten Transformation werden auch in [112] vorgestellt. Ein ähnlicher Ansatz zur Detektion der Laufzeit basiert auf der expliziten Auswertung der Abstände zwischen detektierten und laufzeitabhängigen Phasendifferenzen [74].

Statistische Betrachtung der Phasendifferenz

Für die weiteren Betrachtungen ist eine vollständige, mathematische Beschreibung der Frequenz-Phasendifferenz-Darstellungen notwendig, die am Beispiel der STFT hergeleitet wird. Die Sensorsignale $x_j(n)$ werden mit Hilfe der Kurzzeit-Fourier-Transformation (Fensterlänge N_T) in den Zeit-Frequenz-Bereich transformiert. Aus den Koeffizienten $X_j(m,k)$ lässt sich die zugehörige Phasendifferenz gemäß

$$\Delta\varphi(m,k) = \arg\left[X_1(m,k) \cdot X_2^*(m,k)\right] \tag{3.23}$$
$$= \arg\left[|X_1(m,k)|\, e^{j\,\Delta\varphi_1(m,k)} \cdot |X_2(m,k)|\, e^{-j\,\Delta\varphi_2(m,k)}\right]$$

ermitteln. Um eine statistische Analyse der Phasendifferenzen durchführen zu können, ist die Betrachtung mehrerer Zeitpunkte m für jeweils eine spezifische Frequenz f_k notwendig. Für die Darstellung der Häufigkeitsverteilung in diesem Frequenzband wird ein Histogramm verwendet und der Wertebereich $[-\pi, \pi[$ in N_H Klassen unterteilt. Im Anschluss erfolgt eine Zuordnung der realen Phasenwerte $\Delta\varphi(m,k)$ zu den einzelnen Klassen $\varphi_H(f_k)$ des Histogramms $h(\Delta\varphi_H(f_k))$. Der Index H zeigt die Diskretisierung des Wertebereichs an. Im Normalfall wird nur die Anzahl der Phasenwerte in einem Abschnitt gezählt. Die Bewertung der einzelnen Phasendifferenzen, z. B. mit dem Mittelwert der Koeffizientenbeträge beider Sensoren, führt zu einer stärkeren Berücksichtigung der dominanten Phasen. Die Verwendung eines amplitudenbewerteten Histogramms wird mit dem Index A gekennzeichnet.

Die Histogramme werden für alle N_F positiven Frequenzen ($f_k < 0{,}5\,f_A$) berechnet. Die Interpretation der einzelnen Histogramme als Spalten einer Matrix liefert bei frequenzabhängiger Anordnung (aufsteigend) die Frequenz-Phasendifferenz-Matrix $H(f_k, \Delta\varphi_H)$ bzw. für amplitudenbewertete Histogramme die Matrix $H_A(f_k, \Delta\varphi_H)$.

Herleitung des Verfahrens

Auf Grund der offensichtlichen, linearen Struktur in den Frequenz-Phasendifferenz-Darstellungen ist eine Schätzung der Laufzeit mit einem neuartigen Verfahren möglich. Die Methode basiert auf der Radontransformation, berücksichtigt jedoch die Sprünge im Linienverlauf.

Die gewöhnliche Radontransformation $R_{s,\theta}\{\rho\}$ ist definiert als zweidimensionale Integration über das Produkt einer Dichteverteilung $\rho(x,y)$ und einer Deltageraden. Es gilt

$$R_{s,\theta}\{\rho\} = \int\limits_{-\infty}^{\infty} \int\limits_{-\infty}^{\infty} \rho(x,y)\, \delta(s - x\cos\theta - y\sin\theta)\mathrm{d}x\mathrm{d}y\,. \tag{3.24}$$

Die Deltagerade ist definiert durch den Abstand s zum Ursprung und den Winkel θ zwischen der Geraden und der negativen x-Achse [23]. Durch Multiplikation werden die Werte der Dichteverteilung auf der Geraden (mit den Parametern s und θ) 'ausgeschnitten' und durch Integration aufsummiert.

Für die Anwendung der Transformation auf die Matrix $H(f_k, \Delta\,\varphi_H)$ ist die Diskretisierung der Transformation notwendig. Zudem müssen zwei Aspekte berücksichtigt werden:

1. Die Unbestimmtheit der Phase ($2\,\pi$) verursacht eine Unterbrechung der linearen Verläufe. Trotzdem sind die einzelnen Teilstücke einer Quelle zugeordnet.

2. Linien, die einer spezifischen Laufzeit entsprechen, durchlaufen nach Gl. 2.13 den Ursprung ($f_k = 0$, $\Delta\,\varphi_H = 0$) oder Punkte bei $f_k = 0$ und $\Delta\,\varphi_H = r \cdot 2\,\pi$ ($r \in \mathbb{N}\backslash\{0\}$).

Als Erstes wird die kontinuierliche Transformation durch die diskrete Implementierung ersetzt, die für eine Anwendung auf Bildern geeignet ist. Wird die Matrix $H(f_k, \Delta\,\varphi_H)$ als Bild mit N_H Zeilen und N_F Spalten interpretiert, erfolgt die Berechnung durch

$$R_{s,\theta}\{H\} = \sum_{k=1}^{N_\mathrm{F}} \sum_{n_\mathrm{H}=1}^{N_\mathrm{H}} H(f_k, \Delta\varphi_\mathrm{H})\,\delta(s - n_\mathrm{H}\cos\theta - k\sin\theta). \tag{3.25}$$

Die Parameter s und θ definieren analog zu Gl. 3.24 die Lage der einzelnen Geraden im Raum. $R_{s,\theta}\{H\}$ gibt die Intensität der Projektion der Geraden auf $H(f_k, \Delta\,\varphi_\mathrm{H})$ an, wobei hohe Werte auf die Existenz von Linien schließen lassen. Der Ursprung wird entsprechend Abbildung 3.10 gewählt. Die beiden eingezeichneten Geraden gehören zu derselben Quelle und unterscheiden sich somit nur im Abstand, nicht im Winkel.

Exemplarisch wurde für die Frequenz-Phasendifferenz-Darstellung (siehe Abb. 3.11 (a)) eines Sprachsignals die Radontransformation mit einer Winkelauflösung von $1\,^\circ$ ermittelt. Der Verlauf durch den Ursprung ist für den hohen Intensitätswert im Radonraum (θ-s-Ebene) in der nebenstehenden Abbildung bei $\theta \approx 110\,^\circ$ verantwortlich. Für das zweite Teilstück erwartet man einen Peak in demselben Winkelbereich, der aber auf Grund der niedrigen Amplitudenwerte im Bild nicht erkennbar ist.

Innerhalb des Radonraumes ist auf Grund der oben genannten Einschränkungen nur ein Teil der Werte aufgabenrelevant, und einem Winkel sind unter Umständen mehrere Geraden zugeordnet. Die Anzahl der

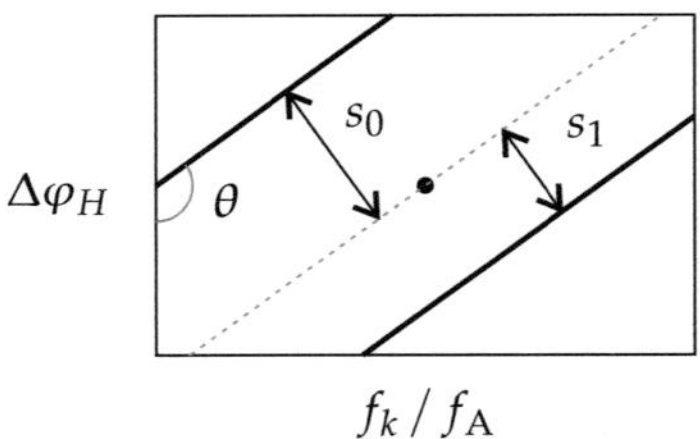

Abbildung 3.10. Definition der Parameter der Radontransformation. Der Ursprung befindet sich im Zentrum des Bildes mit $N_H \cdot N_F$ Pixeln.

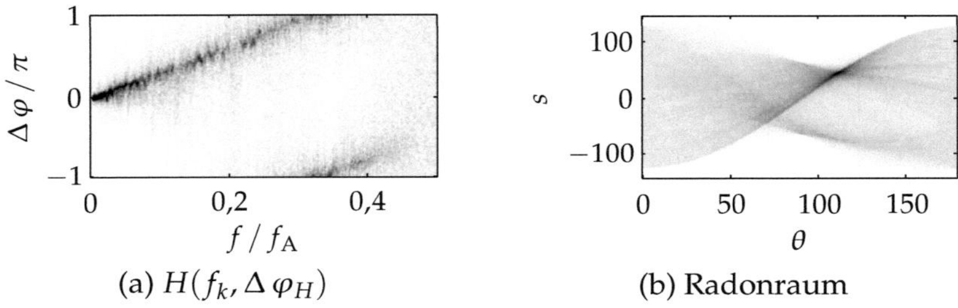

(a) $H(f_k, \Delta\varphi_H)$ (b) Radonraum

Abbildung 3.11. Berechnung der diskreten Radontransformation für die Frequenz-Phasendifferenz-Darstellung.

Geraden, die unter einem bestimmten Winkel auftreten und für $f_k = 0$ einen Offset von $r \cdot 2\,\pi$ besitzen, lassen sich durch

$$N_\delta(\theta) = \left\lceil \frac{|\tan(\theta - 90\,°)| \cdot N_F - N_H/2}{N_H} \right\rceil \tag{3.26}$$

berechnen. Daraus können für $n_\delta = 0, \dots, N_\delta(\theta)$ die zugehörigen Abstände

$$s(\theta, n_\delta) = \sin(\theta - 90\,°) \cdot \left(\frac{N_F}{2} - n_\delta \cdot \frac{N_H}{|\tan(\theta - 90\,°)|} \right) \tag{3.27}$$

ermittelt werden. Die möglichen θ-s-Paare sind in Abbildung 3.12 (a) skizziert. Eine Schätzung für die einzelnen Winkel wird durch

$$I(\theta) = \frac{\sum_{n_\delta=0}^{N_\delta(\theta)} R_{s(\theta, n_\delta), \theta}\{H\}}{l_\theta} \tag{3.28}$$

bestimmt. Bei der Berechnung der Intensitäten muss die Gesamtlänge l_θ der Geradenstücke berücksichtigt werden, um einen normierten Winkelverlauf zu erhalten. Die Länge l_θ ergibt sich zu

$$l_\theta = \sqrt{(|\tan(\theta - 90°)| \cdot N_F)^2 + N_H^2}. \tag{3.29}$$

Die Resultate in Abb. 3.12 (b) zeigen ein deutliches Maximum bei $110°$. Es treten keine weiteren Maxima auf.

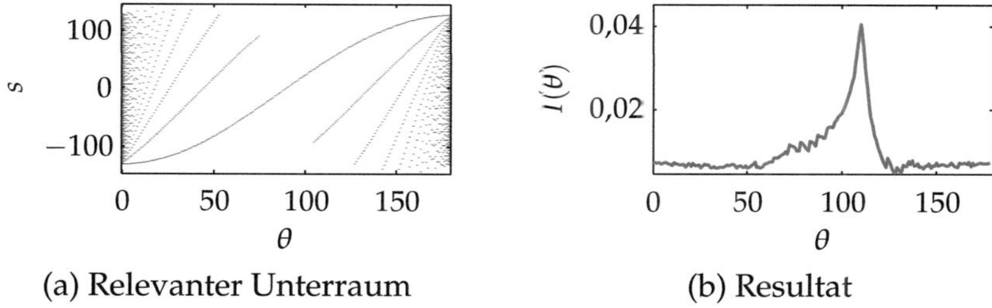

(a) Relevanter Unterraum (b) Resultat

Abbildung 3.12. Modifizierte Radontransformation. Die Abstände der relevanten Geraden im Radonraum sind für $N_F = 256$ und $N_H = 128$ gültig.

Die Darstellung der Vorgehensweise erfolgte am Beispiel der diskreten Radontransformation mit anschließender Nachbearbeitung zur Bestimmung der Winkel. Eine andere Alternative zur Berücksichtigung der unterschiedlichen Teilgeraden für jeden Winkel ist die Anpassung der Radontransformation. Mit Hilfe des Modulo-Operators kann eine Projektion der Geraden mit $f_k = 0$ und $\Delta \varphi_H = r \cdot 2\pi$ auf den Ursprung erzwungen werden [127].

Zwischen den Winkeln θ der Radontransformation und der Schalleinfallsrichtung α besteht ein Zusammenhang. Mit den Parametern der Transformation und des Sensorsetups gilt

$$\alpha = \arccos\left(\frac{\tan(\theta) \cdot 2 \cdot N_F \cdot c_0}{N_H \cdot f_A \cdot d_M}\right). \tag{3.30}$$

Abhängig von den Anforderungen (z. B. Winkelauflösung) an den Winkel α können die relevanten Winkel im Radonraum definiert werden.

Effizientes Berechnungsverfahren

Das vorgestellte Konzept zur Laufzeitschätzung ist sehr rechenaufwendig, weil die Radontransformation für die vollständige Frequenz-Phasendifferenz-Darstellung durchgeführt wird. Erst im Anschluss erfolgt die Beschränkung auf die relevanten θ-s-Paare. Wie im vorhergehenden Abschnitt beschrieben, entspricht die Transformation einer zweidimensionalen Integration des Produkts aus Frequenz-Phasendifferenz-Matrix und den parametrisierten Geraden. Nur ein geringer Anteil der Geraden ist für die Bestimmung der Intensität notwendig. Durch die Definition von Masken $M_\theta(f_k,\Delta\varphi_H)$, die alle Geradenstücke für einen spezifischen Winkel θ enthalten, kann die Berechnungsvorschrift durch

$$I(\theta) = \sum_{k=1}^{N_F} \sum_{n_H=1}^{N_H} H(f_k,\Delta\varphi_H) \circ M_\theta(f_k,\Delta\varphi_H) \qquad (3.31)$$

ersetzt werden. Der Operator '∘' beschreibt die punktweise Multiplikation der Matrizen. Bei dieser Methode gilt es zu berücksichtigen, dass eine Bestimmung und Speicherung der Masken im Voraus notwendig ist. Die Berechnungsdauer ist gegenüber dem ursprünglichen Verfahren deutlich verkürzt.

Ein Beispiel für eine Maske ist in der Abbildung 3.13 (a) gezeigt. Um die unscharfen Verläufe in der Frequenz-Phasendifferenz-Darstellung besser zu detektieren, ist in dem nebenstehenden Bild eine angepasste Maske dargestellt, die aus der Faltung der Deltageraden mit einer Normalverteilung in jeder Spalte erzeugt wurde. Mit zunehmender Frequenz wurde die Standardabweichung erhöht, wobei die Bestimmung der Werte heuristisch erfolgte.

3.2.3. Vergleich

Für eine Bewertung des neuen Verfahrens folgt ein Vergleich mit der verallgemeinerten Kreuzkorrelation. Die Schätzung der Laufzeit ist bei der diskreten Realisierung (Gleichung 3.22) ein ganzzahliges Vielfaches der Abtastzeit. Die Genauigkeit kann theoretisch durch Interpolation der Eingangssignale erhöht werden, eine praktische Durchführung ist jedoch nur eingeschränkt möglich [26]. Mit Hilfe der Phasendifferenz ist eine genauere Schätzung der Laufzeit möglich. Dies wird in Abbildung 3.14 (a) veranschaulicht. Die beiden zeitlich begrenzten Schwingungen sind sich

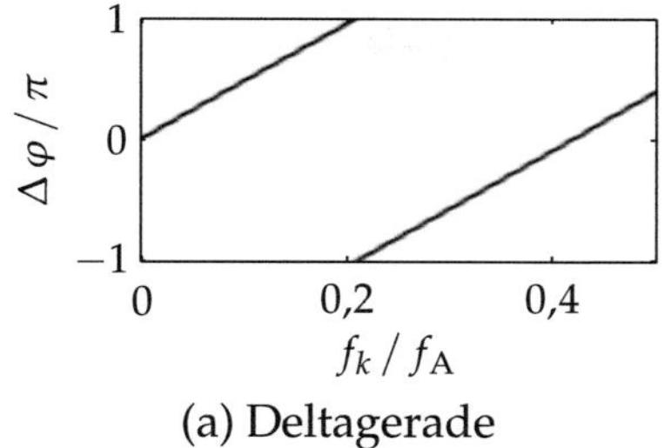

(a) Deltagerade

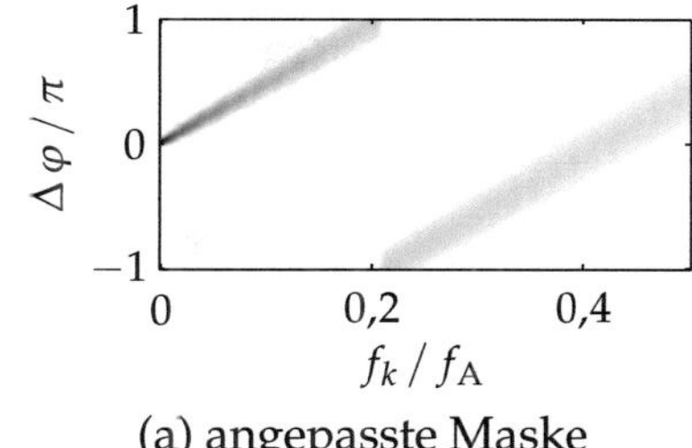

(a) angepasste Maske

Abbildung 3.13. Darstellung zweier Masken zur effizienten Umsetzung der modifizierten Radontransformation. Hohe Werte sind dunkel, niedrige Werte hell dargestellt.

ähnlich, aber zeitlich verschoben. Die Markierungen stellen die diskreten Abtastwerte dar. Die GCC liefert ein Maximum für eine Verschiebung der hellen Kurve um einen Abtastwert nach links. Aus der Differenz der Phasenwerte der Schwingfrequenz lässt sich eine genauere Information zur relativen Verschiebung der beiden Signale ermitteln.

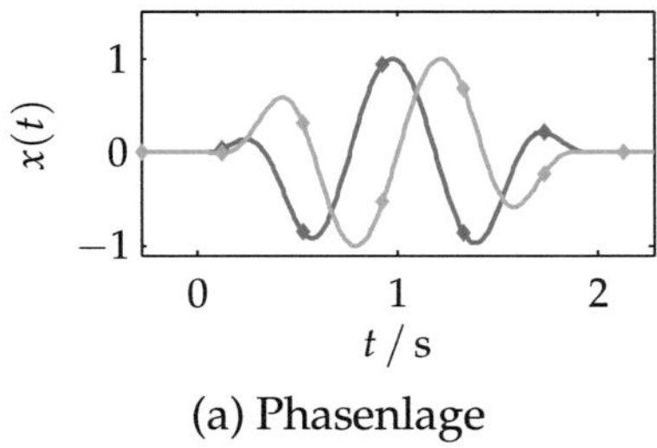

(a) Phasenlage

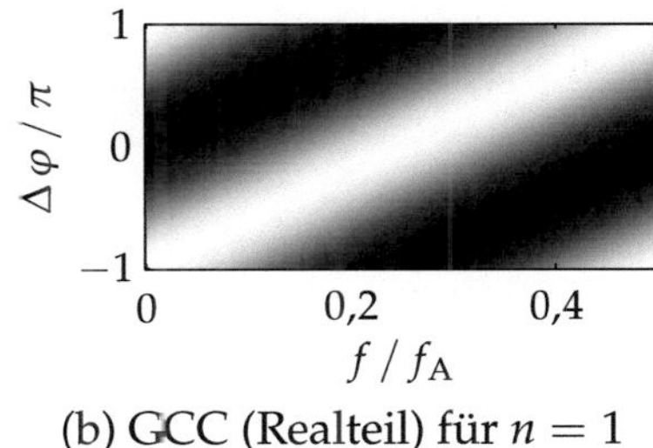

(b) GCC (Realteil) für $n = 1$

Abbildung 3.14. Allgemeine Aspekte zum Vergleich der beiden Verfahren. Die Farbcodierung der Amplituden ist analog zur vorhergehenden Abbildung.

Zusätzlich zu dem einfachen Beispiel kann der Vorteil des neuen Verfahrens gegenüber der GCC auch durch Umstellung von (3.22) gezeigt werden. Die Gleichung

$$R_{x_1,x_2}^{\mathrm{GCC}}(n) = \sum_{k=0}^{N_\mathrm{T}} e^{\mathrm{j}\,\Delta\varphi(f_k)}\, e^{\mathrm{j}\,2\,\pi\,n\,\frac{k}{N_\mathrm{T}}}$$

hat ein Maximum, wenn alle Summanden den Wert 1 annehmen. Die Phasendifferenz muss für diesen Fall den linearen Verlauf des Exponenten der Kernfunktion $e^{\mathrm{j}\,2\,\pi\,n\,\frac{k}{N_\mathrm{T}}}$ kompensieren. Eine der Radontransformation ähnliche Interpretation kann durch die Bestimmung einer Maske

$$M_n(f_k,\Delta\varphi_\mathrm{H}) = e^{\mathrm{j}\left(\Delta\varphi(f_k)+2\,\pi\,n\,\frac{k}{N_\mathrm{T}}\right)}$$

für $\Delta\varphi_\mathrm{H} \in [-\pi,\pi[$, alle positiven Frequenzen f_k und der diskreten Sampleverschiebung n erfolgen. Diese komplexwertigen Maske (Abb. 3.14 (b)) weist prinzipiell eine Ähnlichkeit zu den bereits vorgestellten Masken auf, ist jedoch weniger scharf abgegrenzt. Die vollständige Berechnung der GCC ist mit Hilfe der Gleichung

$$I^{\mathrm{GCC}}(n) = \sum_{k=1}^{N_\mathrm{F}} \sum_{n_\mathrm{H}=1}^{N_\mathrm{H}} H(f_k,\Delta\varphi_\mathrm{H}) \circ M_n(f_k,\Delta\varphi_\mathrm{H}) \tag{3.32}$$

möglich, wobei $H(f_k,\Delta\varphi_\mathrm{H})$ für eine exakte Umsetzung der Korrelation aus den Phasenwerten einer Realisierung der Fourier-Transformation bestimmt werden muss. Die Anzahl der Masken $M_n(f_k,\Delta\varphi_\mathrm{H})$ ist durch die Abtastrate beschränkt, wohingegen bei der modifizierten Radontransformation die Anzahl durch die Grenzen der Bildverarbeitung (Abtasttheorem der Computer-Tomographie [18]) limitiert ist. Aus diesem Grund ist die Auflösung des neuen Verfahrens höher.

Zur Verdeutlichung folgt ein Vergleich an realen Sprachsignalen. Für die Radontransformation wird eine Auflösung für den Winkel α (DOA) von $1°$ gefordert und die entsprechenden Masken berechnet. Die Verwendung der reellen Masken verursacht ein Offset, der durch Subtraktion des Mittelwerts entfernt wird. Bei der GCC liegt die mögliche Sampleverschiebung im Bereich von $[-d_\mathrm{M}\cdot f_\mathrm{A}\,/\,c_0,\, d_\mathrm{M}\cdot f_\mathrm{A}\,/\,c_0]$. Für eine gemeinsame Darstellung werden die detektierten Laufzeiten in den Winkelbereich umgerechnet und die Maximalwerte bei beiden Methoden auf 1 normiert.

Als Beispiel dienen zwei Sensorsignale ($f_\mathrm{A} = 16\,\mathrm{kHz}$, eine Quelle) aus der *SiSEC*-Datenbank [3] mit unterschiedlichen Mikrofonabständen.

1. Bei einem Sensorabstand von $d_M = 1,00$ m hat die GCC eine hohe Auflösung ($n \in [-46, 46]$). Dadurch ist ein guter Vergleich mit der Radontransformation möglich. Die Ergebnisse (Abb. 3.15 (a)) zeigen einen nahezu identischen Verlauf der Kurven.

2. Bei kurzen Sensordistanzen $d_M = 0,05$ m zeigt sich der Vorteil des neuen Verfahrens. Aus der niedrigen Auflösung der GCC ($n \in [-2, 2]$) kann keine zuverlässige Aussage über den wahren Winkel getroffen werden. Die beiden unterschiedlichen Masken bei der Radontransformation liefern ähnliche Ergebnisse, der Verlauf bei Verwendung der Deltageraden zeigt jedoch ein schärferes Maximum.

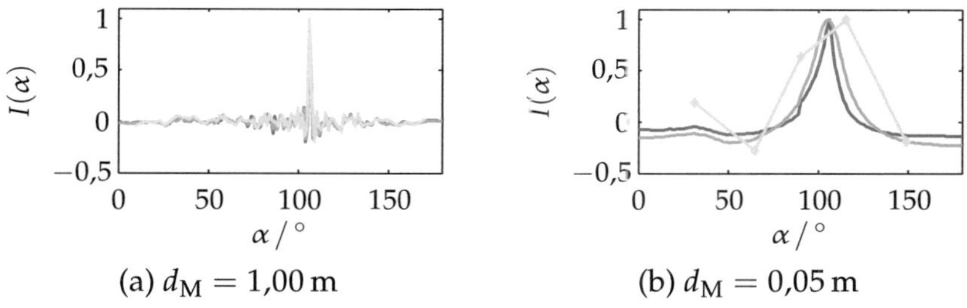

(a) $d_M = 1,00$ m   (b) $d_M = 0,05$ m

Abbildung 3.15.   Ergebnisse der Richtungsschätzung für GCC (hellgrau) und Radontransformation (Deltagerade - dunkelgrau, angepasste Maske - grau).

Eine bessere Auflösung mit Hilfe der GCC wäre erreichbar, wenn in der Gleichung 3.32 die Masken nicht nur für ganzzahlige Werte ermittelt würden. Weitere Ergebnisse für die modifizierte Radontransformation sind in Anhang C.1 zu finden.

3.3. Statistische Analyse

Zur Bestimmung der Matrizen $\mathbf{A}(f_k)$ ist insbesondere im reflexionsbehafteten Fall eine statistische Analyse der Daten notwendig. Wie bereits in Abschnitt 2.3 einleitend beschrieben, können die Erwartungswerte der Phasendifferenzen von den Phasenwerten des Direktschalls abweichen.

Vor der Analyse werden die relevanten Variablen aus den Sensordaten berechnet. Nach der Transformation der Daten in den Zeit-Frequenz-

Bereich werden die Phasendifferenz und eine gemittelte Amplitude bestimmt. Aus der konjugiert komplexen Multiplikation

$$X_1(m,k) \cdot X_2^*(m,k) = |X_1(m,k)|\, e^{j\,\Delta\,\varphi_1(m,k)} \cdot |X_2(m,k)|\, e^{-j\,\Delta\,\varphi_2(m,k)}$$
$$= |X_1(m,k)| \cdot |X_2(m,k)|\, e^{j\,(\Delta\,\varphi_1(m,k)-\Delta\,\varphi_2(m,k))}$$

lassen sich die Werte

$$|X_C(m,k)| = \sqrt{|X_1(m,k)| \cdot |X_2(m,k)|} \qquad (3.33)$$

als geometrisches Mittel der Beträge und

$$\Delta\,\varphi_C(m,k) = \arg\left[e^{j\,(\Delta\,\varphi_1(m,k)-\Delta\,\varphi_2(m,k))}\right] \qquad (3.34)$$

als Argument der Exponentialfunktion ermitteln. Der Betrag von $X_C(m,k)$ kann auch als arithmetisches Mittel oder als Betrag eines Koeffizienten $X_j(m,k)$ bestimmt werden, weil bei geringen Mikrofonabständen nur kleine Amplitudenunterschiede zu erwarten sind. Bei der statistischen Analyse wird stets die Variable $X_C(m,k) = |X_C(m,k)|\, e^{j\,\Delta\,\varphi_C(m,k)}$ verwendet.

Um einen Eindruck von der prinzipiellen Datenstruktur zu erhalten, sind aus einer Szene mit drei Sprechern für ein beliebiges Frequenzband k (Mittenfrequenz f_k) die einzelnen Werte $X_C(m,k)$ für eine große Anzahl an Zeitschritten m in Abbildung 3.16 skizziert. Auf der linken Seite ist die komplexe Darstellung der Variablen zu sehen, rechts das Histogramm über die Phasendifferenzen. In den beiden Bildern sind jeweils die do-

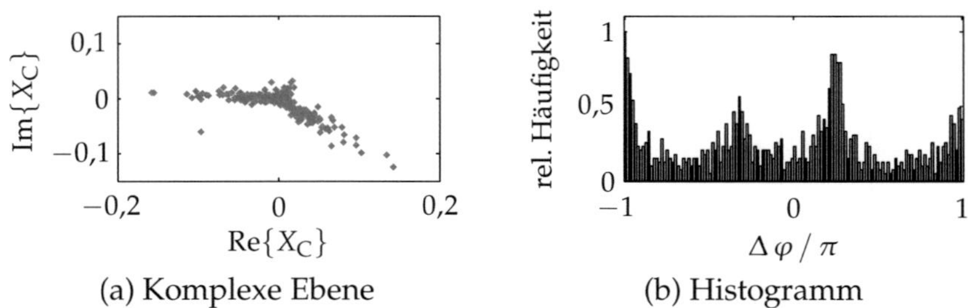

(a) Komplexe Ebene   (b) Histogramm

Abbildung 3.16. Statistische Datenanalyse für ein Signal mit drei Sprechern und einer Nachhallzeit von 130 ms.

minanten Phasendifferenzen erkennbar: in der komplexen Ebene durch die Lage der Phasenwerte entlang drei ausgeprägter Richtungen und im Histogramm als lokale Maxima.

Zur Detektion der Erwartungswerte der Phasendifferenzen werden zwei Verfahren betrachtet: die Independent Component Analysis (ICA) und eine Methode aus dem Bereich der Fuzzy-Clusterverfahren. Die beiden Verfahren nutzen die Eigenschaften der statistischen Verteilung der Sprachsignale zur Trennung.

Neben diesen beiden Ansätzen wird in diesem Kapitel noch eine Methode zur Ermittlung der momentanen Grundfrequenz eines Sprechers vorgestellt. Diese Information kann später als Zusatzinformation verwendet werden, um die Rekonstruktion der Signale zu verbessern.

3.3.1. Independent Component Analysis

Die Independent Component Analysis ist ein Verfahren zur Detektion unabhängiger Komponenten in einer Mischung von Sensorsignalen, das in den letzten Jahren starke Beachtung gefunden hat [31, 49]. An einem einfachen Beispiel soll das Konzept der ICA kurz skizziert werden.

Gegeben sei die instantane Überlagerung zweier Sprachsignale (Quellsignale). Ohne Verzögerung lässt sich das Signalmodell durch

$$\begin{bmatrix} x_1(t) \\ x_2(t) \end{bmatrix} = \begin{bmatrix} a_{11} & a_{12} \\ a_{21} & a_{22} \end{bmatrix} \begin{bmatrix} s_1(t) \\ s_2(t) \end{bmatrix}$$

beschreiben. Besitzen die Signale eine spärliche Amplitudenverteilung, ist es wahrscheinlich, dass in einem Zeitschritt nicht beide Sensorsignale eine betragsmäßig große Amplitude aufweisen. Das detektierte Signal wird vorrangig von einem der beiden Spaltenvektoren der Mischmatrix dominiert. Folgen die Wahrscheinlichkeitsverteilungen der einzelnen Signale der obigen Annahme, sind Resultate wie in Abbildung 3.17 zu erwarten. Die Richtungsvektoren der beiden dominanten Ausprägungen entsprechen den Spalten der Mischmatrix.

Diese Richtungen sollen bei der Untersuchung der Daten detektiert werden. Eine Verwendung der Hauptkomponentenanalyse (PCA) ist nicht sinnvoll, denn es wird durch die Auswertung der Statistik zweiter Ordnung nach Richtungen minimaler und maximaler Varianz gesucht [54]. Die Ergebnisse (linkes Bild) erfassen die Struktur der Daten nicht. Eine Verallgemeinerung der PCA ist die Independent Component Analysis. Unter der Annahme der statistischen Unabhängigkeit der Daten können die Richtungen detektiert werden (rechtes Bild), es erfolgt somit eine Bestimmung der Mischmatrix.

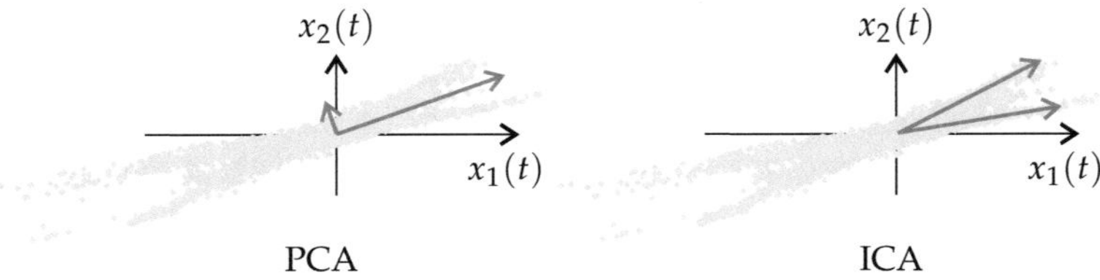

Abbildung 3.17. Repräsentation multivariater Verteilungen mit Hilfe statistischer Verfahren.

Im Folgenden wird die ICA für den Fall bestimmter und unterbestimmter Systeme diskutiert und anschließend ein geometrisches Verfahren zur Bestimmung der unabhängigen Komponenten in unterbestimmten Szenarien (mehr Quellen als Sensoren) vorgestellt.

Grundlagen der ICA

Die Independent Component Analysis lässt sich auf Daten anwenden, die aus einer linearen Kombination statistisch unabhängiger Eingangsdaten resultieren. Als Ergebnis liefert die ICA die Koeffizienten der linearen Funktionen, wie beispielsweise die Koeffizienten der Matrix in der einleitenden Beschreibung. Für die Anwendung des Verfahrens müssen zwei Bedingungen gelten:

1. die statistische Unabhängigkeit der Eingangssignale ($p_{XY} = p_X \cdot p_Y$),

2. die Wahrscheinlickeitsverteilung der Eingangssignale darf nicht normalverteilt sein ($p_X \nsim \mathcal{N}(m_X, \sigma_X)$).

Für den Fall der Trennung von Sprachsignalen sind die beiden Voraussetzungen erfüllt. Die Quellsignale stammen von verschiedenen Sprechern, wodurch die Unabhängigkeit garantiert wird. Die zweite Bedingung ist ebenfalls erfüllt, da Sprachsignale sowohl im Zeitbereich als auch im Zeit-Frequenz-Bereich eine spärliche Verteilung (Laplaceverteilung) aufweisen [104]. Sofern diese Annahmen gelten, kann die Independent Component Analysis angewendet werden.

Viele Verfahren sind für den Fall bestimmter Systeme (N Quellen, N Mischsignale) ausgelegt. Nach Schätzung der Mischmatrix können durch Invertierung des Signalmodells die ursprünglichen Signale ermittelt werden. Für die Bestimmung der Koeffizienten existieren verschiedene Konzepte. Ein Ansatz ist die Maximierung der 'Non-Gaussianity', d. h. die Koeffizienten werden derart bestimmt, dass die Verteilungen der geschätzten Originalsignale sich maximal stark von einer Normalverteilung unterscheiden. Die Begründung für diese Vorgehensweise liefert der zentrale Grenzwertsatz der Statistik. Eine genauere Beschreibung der ICA und weitere Ansätze sind unter anderem in [16, 31, 49, 50] beschrieben.

Für unterbestimmte Szenarien (M Quellen $> N = 2$ Sensoren) ist die Mischmatrix auf Grund der höheren Quellenanzahl nicht mehr quadratisch, sondern von der Form

$$
\begin{bmatrix} x_1(t) \\ x_2(t) \end{bmatrix} = \begin{bmatrix} a_{11} & \cdots & a_{1M} \\ a_{21} & \cdots & a_{2M} \end{bmatrix} \begin{bmatrix} s_1(t) \\ \vdots \\ s_M(t) \end{bmatrix}.
$$

Bei der Rekonstruktion der Originalsignale tritt ein Problem unterbestimmter Systeme auf. Auch wenn die Elemente der Matrix bekannt sind, ist keine eindeutige Bestimmung der Quellsignale möglich. Die Sensorsignale können durch unendlich viele Kombinationen der ursprünglichen Signale entstehen. Entsprechende Lösungsansätze zur Rekonstruktion werden in Abschnitt 3.4 besprochen. Für die Ermittlung der Matrixkoeffizienten muss eine überbestimmte Repräsentation des zweidimensionalen Messvektors gefunden werden. Als Motivation sei auf Abbildung 3.16 (a) verwiesen. Eine Basis mit drei Vektoren könnte die Messwerte besser darstellen als eine Basis mit zwei Vektoren. Durch Richtungsvektoren entlang der einzelnen Cluster würde auch die Annahme der Spärlichkeit erhalten bleiben. Die Ermittlung dieser Richtungen liefert eine Schätzung der einzelnen Spalten der Mischmatrix. Für die Bestimmung der Matrix sind somit Verfahren notwendig, die eine überbestimmte Repräsentation für spärlich verteilte Eingangsdaten ermitteln. Lewicki und Sejnowski [65] veröffentlichten beispielsweise im Jahr 2000 eine probabilistische Methode.

Geometrische ICA

Der geometrische Ansatz zur Independent Component Analysis stellt eine einfache Alternative zu den klassischen Methoden dar und liefert eine effiziente Berechnungsvorschrift zur Bestimmung der Mischmatrix. Der Algorithmus wurde 1995 von Puntonet und Prieto vorgestellt [83], von Theis et al. weiterentwickelt [92] und auf unterbestimmte Systeme erweitert [93]. Der Algorithmus wird im Folgenden nur für den Fall von $N = 2$ Sensorsignalen betrachtet.

Die prinzipielle Idee des Verfahrens ist, den Einfluss der linearen Mischmatrix als eine geometrische Transformation zu interpretieren. An einem Beispiel für den bestimmten Fall soll das Konzept erklärt werden. Im Raum der Quellsignale ordnet sich der Datenvektor $[s_1(t), s_2(t)]^{\mathrm{T}}$ auf Grund der spärlichen Verteilungen der Signale entlang der Koordinatenachsen an (Abb. 3.18 (a)). Die Transformation mit $\mathbf{A}$ entspricht eine Drehung der Hauptachsen und bedingt eine Anhäufung der Daten entlang neuer Richtungen. Die Identifizierung dieser transformierten Achsen entspricht der Bestimmung der Mischmatrix.

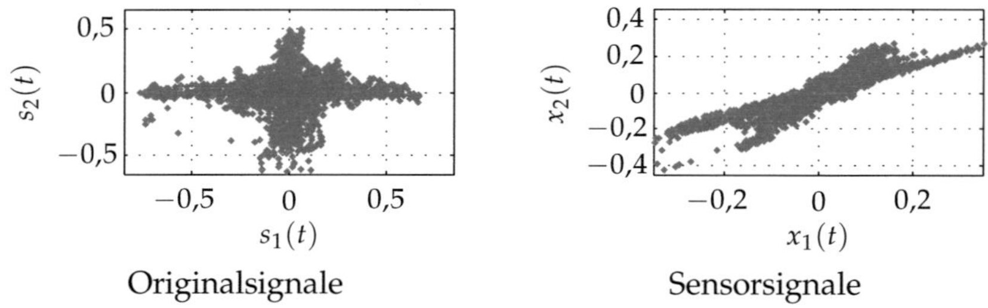

Originalsignale

Sensorsignale

Abbildung 3.18. Geometrische ICA für den bestimmten Fall.

Für die Detektion kann ein einfacher Algorithmus verwendet werden [83]. Das beschriebene Verfahren gilt explizit für das Signalmodell bei instantaner Überlagerung. In diesem Fall sind die Sprachsignale normalerweise mittelwertfrei und die Amplitudenwerte symmetrisch verteilt. Das Verfahren besteht aus drei Schritten:

1. Initialisierung:
   Wähle $2N$ beliebige Einheitsvektoren $(\mathbf{w}_1, \mathbf{w}'_1, \ldots, \mathbf{w}_N, \mathbf{w}'_N)$ mit $\mathbf{w}'_n = -\mathbf{w}_n$. Die Wahl der negativen Vektoren ist notwendig, um bei einer symmetrischen Verteilung der Daten jeweils dieselben Richtungsvektoren im Lernprozess zu berücksichtigen.

2. Lernphase (für jedes Sample):

a) Projiziere den Abtastwert auf den Einheitskreis:

$$\mathbf{y}(t) = \mathbf{x}(t) \, / \, |\mathbf{x}(t)| \, .$$

b) Berechne den Abstand des Eingangssignals zu jedem Element mit Hilfe der euklidischen Metrik.

c) Der nächstliegende Vektor wird neu berechnet und in Richtung des Messwertes verschoben:

$$\mathbf{w}_i(t) = \mathrm{Pr}\left[\mathbf{w}_i(t) + \eta(t)\,\mathrm{sgn}\left(\mathbf{y}(t) - \mathbf{w}_i(t)\right)\right]$$
$$\mathbf{w}_i'(t) = -\mathbf{w}_i(t),$$

wobei 'Pr' die Projektion auf den Einheitskreis beschreibt und $\eta(t)$ die Schrittweite. Der Wert wird in jedem Zeitschritt entsprechend

$$\eta(t+1) = \eta_0\,\mathrm{e}^{-f_i(t)/\tau} + \eta_S.$$

angepasst und konvergiert gegen den Minimalwert η_S. Alle anderen Vektoren werden nicht bewegt. Die Variable $f_i(t)$ gibt an, wie oft die Vektoren $\mathbf{w}_i(t)$ bzw. $\mathbf{w}_i'(t)$ ausgewählt wurden, τ ist eine Konstante.

3. Überprüfung des Abbruchkriteriums:
   Die Abbruchbedingungen sind frei wählbar: Konvergenz, maximale Anzahl an Samples etc.

Für den unterbestimmten Fall muss nur die Anzahl der Einheitsvektoren an die erhöhte Quellenanzahl angepasst werden [93].

Modifikation zur Detektion der Phasendifferenzen

Bei der Trennung im Zeit-Frequenz-Bereich sind die quellspezifischen Informationen vor allem in der Phasendifferenz gespeichert. Im Gegensatz zur symmetrischen Amplitudenverteilung der Signale im Zeitbereich erfolgt eine Anhäufung entlang des Phasenwinkels des direkten Pfades, wie beispielsweise in Abbildung 3.16 (a) erkennbar ist. Für die Detektion der Richtungen ist im Vergleich zum gewöhnlichen geometrischen Algorithmus die Verwendung von N Einheitsvektoren ausreichend, die negativen Vektoren müssen nicht berücksichtigt werden. Als Eingangsdaten werden die Werte $[\mathrm{Re}\{X_C(m,k)\},\ \mathrm{Im}\{X_C(m,k)\}]^T$ für mehrere Zeitschritte verwendet. Ein kurzes Beispiel ist in Abbildung 3.19 skizziert. Im Fall von drei Sprechern werden die Messwerte gut durch die Richtungsvektoren repräsentiert. Für vier Sprecher sind kleinere Abweichungen erkennbar. Es muss jedoch berücksichtigt werden, dass unüberwachte Lernverfahren nicht unbedingt ideale Ergebnisse liefern.

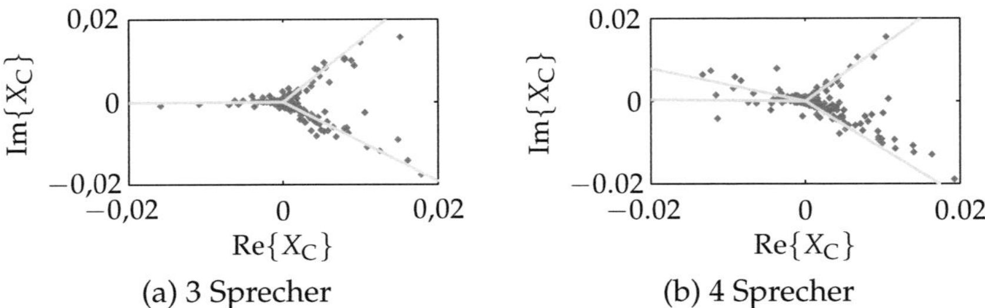

(a) 3 Sprecher   (b) 4 Sprecher

Abbildung 3.19. Beispiele für zwei Szenarien für eine Nachhallzeit von 130 ms ($f_k = 0{,}29\, f_A$).

3.3.2. Fuzzy-Clustering

Die ICA ist die gebräuchlichste Methode zur Trennung der Signale, auch weil die Unabhängigkeit der Originalsignale die Grundlage des Schätzverfahrens darstellt. Betrachtet man das Histogramm in Abb. 3.16 (b), lassen sich in dieser Darstellung drei dominante Maxima erkennen, um die sich die Messwerte gruppieren. Diese Gruppenbildung ist in der eindimensionalen Darstellung der Phasendifferenzen noch besser erkennbar. Zur Verdeutlichung sind die Phasendifferenzen in Abbildung 3.20 entlang der $\Delta\varphi$-Achse aufgetragen. Es sind drei Anhäufungen (markiert durch Kreise) erkennbar, wobei eine Gruppe auf Grund der Periodizität von $e^{j\,\Delta\varphi}$ um π und $-\pi$ liegt.

Abbildung 3.20. Verteilung der Messwerte entlang der $\Delta\varphi$-Achse. Die Amplitude ist über die Punktgröße abgebildet.

Diese offensichtliche Gruppierung der Daten ermöglicht die Verwendung eines alternativen Ansatzes zur Detektion: die Clusteranalyse. Das

Ziel des Verfahrens ist, die Daten nach zwei Gesichtspunkten zu klassifizieren. Innerhalb der Gruppen (Klassen) sollen die zugeordneten Messwerte eine hohe Ähnlichkeit besitzen, zwischen den Klassen eine geringe. Bei der herkömmlichen Clusteranalyse werden jedoch feste Entscheidungsgrenzen definiert. Auf Grund der Überlagerung der Signale bei der Schallausbreitung existieren jedoch Werte, die mehreren Klassen zugeordnet werden müssen. Abhilfe schafft die Fuzzy-Clusteranalyse, ein Klassifikationsverfahren mit unscharfen Entscheidungsgrenzen.

Nach der allgemeinen Vorstellung der Fuzzy-Clusteranalyse folgt die Beschreibung der Umsetzung des Verfahrens für die konkrete Problemstellung. Eine ausführliche Diskussion der Clusteranalyse liefern [60] oder [94].

Grundlagen der Fuzzy-Clusteranaylse

Die Clusteranalyse umfasst eine Vielzahl an Algorithmen, die sich in unterschiedliche Kategorien einteilen lassen. Ist die Anzahl der Klassen nicht bekannt, eignen sich beispielsweise hierarchische Verfahren, die schrittweise neue Klassen durch Zusammenfassen oder Teilen von Gruppen erzeugen. Bei bekannter Klassenanzahl werden die partitionierenden Algorithmen verwendet. Mit Hilfe einer Optimierungsfunktion erfolgt die Bestimmung der Zentren und der zugeordneten Daten, sodass der Abstand zwischen den Klassen maximal und der Abstand innerhalb einer Gruppe minimal wird. Ein bekannter Vertreter dieser Klasse ist der C-Means-Algorithmus [43].

Die Berücksichtigung der unscharfen Zuordnungen kann mit Hilfe von Fuzzy-Mengen erfolgen. Die 1965 von Zadeh [105] eingeführten Mengen ermöglichen eine Beschreibung der Unsicherheiten, indem einzelne Daten nicht mehr absolut, sondern anteilig einer Klasse zugeordnet werden. Für N Datenvektoren $\mathbf{x}_n$ kann die relative Zugehörigkeit zu jedem Clusterzentrum $\mathbf{m}_c$ ($c = 1, \ldots, C$) bestimmt werden. Die anteilige Zuordnung des Datenvektors $\mathbf{x}_n$ zu einem Cluster $\mathbf{m}_c$ wird in Form der Variablen $u_{n,c} \in [0,1]$ angegeben. Für die Beschreibung von Fuzzy-Mengen gelten zwei Annahmen:

1. Für jeden Messwert muss

$$\forall n \quad \sum_{c=1}^{C} u_{n,c} = 1$$

gelten, d. h. die Summe der Zugehörigkeiten $u_{n,c}$ über alle C Cluster ist gleich 1.

2. Des Weiteren muss jedem Cluster mindestens ein Wert anteilig zugeordnet sein:

$$\forall c \quad \sum_{n=1}^{N} u_{n,c} > 0 \, .$$

Die Berechnung der relativen Zugehörigkeit kann z. B. durch Auswertung der unterschiedlichen Abstände zu den einzelnen Klassenzentren erfolgen.

Eine Clusteranalyse unter Berücksichtigung der unscharfen Zuordnungen ist beispielsweise mit dem Fuzzy-C-Means-Algorithmus [36] möglich. Prinzipiell wird versucht, die ideale Gruppeneinteilung durch Minimierung einer Bewertungsfunktion zu finden, die ausgehend von einer zufälligen Initialisierung der Clusterzentren iterativ optimiert wird. Ein Abbruch erfolgt bei Detektion eines Minimums. Die Bewertungsfunktion hat bei der Fuzzy-Clusteranalyse die Form

$$J(u_{n,c}, \mathbf{m}_c) = \sum_{n=1}^{N} \sum_{c=1}^{C} u_{n,c}^{m_\mathrm{E}} \cdot D_{n,c} \, ,$$

wobei $D_{n,c}$ ein beliebiges Abstandsmaß darstellt. Häufig wird $D_{n,c} = (\mathbf{x}_n - \mathbf{m}_c)^\mathrm{T} (\mathbf{x}_n - \mathbf{m}_c)$ als Quadrat der euklidischen Distanz gewählt. Der Exponent $m_\mathrm{E} > 1$ der Zugehörigkeitsfunktion $u_{n,c}^{m_\mathrm{E}}$ ist ein Gewichtungsfaktor, welcher die Schärfe der Zuordnung bestimmt. Für den Grenzfall $m_\mathrm{E} \rightarrow \infty$ werden die einzelnen Daten allen Clustern zugeordnet, $m_\mathrm{E} \rightarrow 1$ führt zu einer scharfen Zuordnung. Die Minimierung der Bewertungsfunktion erfolgt mit Hilfe des Lagrangeverfahrens [45] und liefert Berechnungsvorschriften für die Werte $u_{n,c}$ und $\mathbf{m}_c$:

$$\mathbf{m}_c = \frac{\sum_{n=1}^{N} u_{n,c}^{m_\mathrm{E}} \mathbf{x}_n}{\sum_{n=1}^{N} u_{n,c}^{m_\mathrm{E}}} \tag{3.35}$$

und

$$u_{n,c} = \frac{\left(\frac{1}{D_{n,c}}\right)^{\frac{1}{m_\mathrm{E}-1}}}{\sum_{c=1}^{C} \left(\frac{1}{D_{n,c}}\right)^{\frac{1}{m_\mathrm{E}-1}}} \, . \tag{3.36}$$

Damit kann eine einfache Berechnungsvorschrift für den Algorithmus angegeben werden:

1. Wähle C Clusterzentren (zufällig), berechne die Zugehörigkeiten (Startwerte für Schritt $r = 0$) und lege einen Schwellwert ϵ für das Abbruchkriterium fest.

2. Erhöhe den Zähler: $r = r + 1$.

3. Bestimme die neuen Mittelpunkte (Gl. 3.35).

4. Berechne die Zugehörigkeiten nach Gleichung 3.36.

5. Überprüfe das Abbruchkriterium $\rightarrow$ Verschiebung der Mittelpunkte
   Wenn $\sum_{c=1}^{C} \sum_{n=1}^{N} |u_{n,c}(r) - u_{n,c}(r-1)| < \epsilon$, dann beende den Algorithmus. Ansonsten weiter mit Schritt 2.

Für dasselbe Szenario können die Ergebnisse bei unterschiedlicher Wahl der Startwerte variieren, weil nicht garantiert werden kann, dass die Bewertungsfunktion das globale Minimum findet. Eine Lösung ist die mehrmalige Berechnung des Algorithmus, wodurch Ausreißer ausgeschlossen werden können.

Anpassung für die Phasendifferenzen

Für die Anwendung des Algorithmus zur Schätzung der Clustermittelpunkte der Phasendifferenzen $\Delta \varphi_C(m,k) = \arg[X_C(m,k)]$ ergeben sich einige Unterschiede zum ursprünglichen Verfahren. Auf Grund der Laufzeitschätzung sind neben der Anzahl der Klassen bereits gute Startwerte für die einzelnen Cluster vorhanden. Damit ist die Detektion eines lokalen Minimums der Optimierungsfunktion im Gegensatz zur willkürlichen Initialisierung nahezu ausgeschlossen. Die Messwerte $X_C(m,k)$ besitzen insbesondere im Bereich der Gruppenmittelpunkte (direkter Ausbreitungsweg) hohe Amplitudenwerte. Es ist sinnvoll, diese Informationen zu berücksichtigen. Die relevanten Daten $X_C(m,k)$ sind eindimensional und können in Betrag und Phase aufgeteilt werden.

Die Berechnung der Clusterzentren im k-ten Frequenzband für N Messwerte $X_C(m,k)$ erfolgt mit der Gleichung

$$m_c(k) = \frac{\sum_{m=1}^{N} u_{m,c}^{m_E}(k) \cdot e^{j\Delta \varphi_C(m,k)} \cdot |X_C(m,k)|}{\sum_{m=1}^{N} u_{m,c}^{m_E}(k) \cdot |X_C(m,k)|}, \qquad (3.37)$$

die Bestimmung der Zugehörigkeiten entstprechend Gl. 3.36. Ein Abstandsmaß kann zu $D_{m,c} = |\Delta \varphi_C(m,k) - \Delta \varphi_c(k)|^2$ berechnet werden. Durch die Verwendung der Phasendifferenzen im Exponenten kann die Periodizität der Phase berücksichtigt werden. Die 'realen' Clustermittelpunkte lassen sich als Argument der Zentren

$$\Delta \varphi_c(k) = \arg\left[m_c(k)\right] \tag{3.38}$$

bestimmen.

Ein anwendungsspezifisches Beispiel ist in Abbildung 3.21 (a) skizziert. Die Zuordnung der einzelnen Messwerte zu den drei Gruppen liefert gute Ergebnisse und die Clusterzentren können geschätzt werden. Zur besseren Veranschaulichung wurde ein Histogramm berechnet und die Zugehörigkeit ebenfalls markiert. Die geschätzten Phasendifferenzen liegen erwartungsgemäß in der Nähe der einzelnen Maxima.

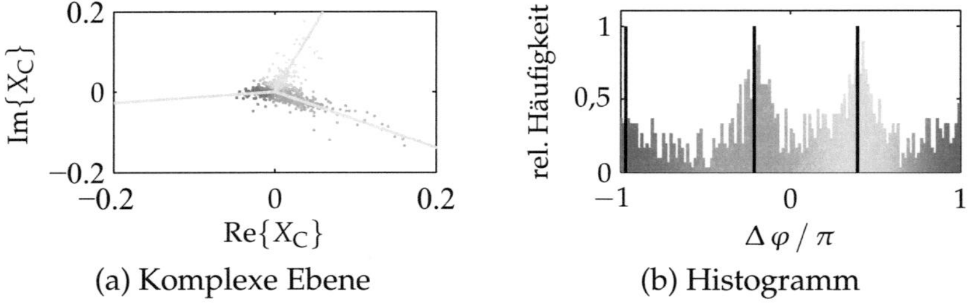

(a) Komplexe Ebene　　　　　　(b) Histogramm

Abbildung 3.21. Resultate des Fuzzy-C-Means-Algorithmus für einen anwendungsspezifischen Datensatz. Die Zugehörigkeiten sind durch unterschiedliche Graustufen markiert.

Aus den Werten der letzten Iteration lässt sich eine weitere Kenngrößen bestimmen. Mit Hilfe der Zugehörigkeiten kann eine Art 'Varianz' der einzelnen Cluster ermittelt werden:

$$\mathrm{var}(\Delta \varphi_c(k)) = \frac{\sum_{m=1}^{N} u_{m,c}^{m_E}(k) \left(\arg\left[e^{(\Delta \varphi_c(k) - \Delta \varphi_C(m,k))}\right]\right)^2}{\sum_{m=1}^{N} u_{m,c}^{m_E}(k)}. \tag{3.39}$$

Durch die Berücksichtigung der Amplituden wird die Bedeutung der einzelnen Werte in jedem Frequenzband besser berücksichtigt.

$$\mathrm{var}(\Delta\,\varphi_c(k)) = \frac{\sum_{m=1}^{N} u_{m,c}^{m_{\mathrm{E}}}(k) \cdot |X_{m,c}(k)| \left(\arg\left[e^{(\Delta\,\varphi_c(k) - \Delta\,\varphi_{\mathrm{C}}(m,k))}\right]\right)^2}{\sum_{m=1}^{N} u_{m,c}^{m_{\mathrm{E}}}(k) \cdot |X_{m,c}(k)|}.$$

(3.40)

Der Nutzen dieser Parameter wird bei der Rekonstruktion deutlich. Prinzipiell könnten entsprechend der skizzierten Vorgehensweise auch Momente höherer Ordnung ermittelt werden.

3.3.3. Periodizitätsschätzung

In diesem Abschnitt wird ein Verfahren zur Schätzung der Grundfrequenz der menschlichen Sprache motiviert und vorgestellt. Dieses basiert auf einer Minimierung des quadratischen Fehler ('Least-squares Periodicity Estimation', Abk.: LSPE).

Motivation

Die Produktion menschlicher Sprache besteht aus zwei Schritten, der Schallerzeugung und der Klangformung. Der Schall wird von einem Luftstrom erzeugt, der aus der Lunge durch einen Spalt zwischen den Stimmbändern (Glottis/Stimmritze) geführt wird. Sind die Stimmbänder angespannt, werden diese durch den Luftstrom zum Schwingen angeregt, wodurch sich die Bänder periodisch schließen und öffnen. Dieser Prozess wird stimmhafte Anregung genannt und die Schwingfrequenz als Grund- oder Anregungsfrequenz bezeichnet. Die Klangformung erfolgt im Rachen-, Mund- und Nasenraum und ist für die Entstehung harmonischer Schwingungen verantwortlich. Insbesondere Vokale werden durch diese Art der Anregung erzeugt. Sind die Stimmbänder entspannt, hat der Luftstrom nach Passieren der Glottis einen rauschähnlichen Charakter, der zur Erzeugung der Konsonanten benötigt wird [81]. Die stimmhafte Anregung ist dementsprechend für die periodischen Strukturen in der Zeit-Frequenz-Darstellung eines Sprachsignals (siehe Abb. 3.22 (a)) verantwortlich.

Durch die Ermittlung der Periodizität können die Verfahren zur Signalrekonstruktion verbessert werden. Die genaue Beschreibung erfolgt in Kapitel 4.

Algorithmus

Zur Bestimmung der Grundfrequenz wird ein Schätzer verwendet, der die Periodendauer durch Minimierung eines quadratischen Fehlers ermittelt. Der Algorithmus wurde von Friedman [41] und Tucker [96] genutzt, um die Anregungsfrequenz der menschlichen Sprache innerhalb eines Analysefensters (N Samples) im Zeitbereich zu ermitteln. Die grundlegende Idee wird im Folgenden kurz zusammengefasst.

Ein Signal

$$s(i) = s_0(i) + n(i) \quad i = 1,\ldots,N$$

besteht aus einer periodischen Komponente $s_0(i)$ und dem nichtperiodischen Anteil $n(i)$. Die Periodizität des Signals lässt sich durch $s_0(i) = s_0(i + k\,P_0)$ mit $k \in \mathbb{N}$ und der Periodendauer P_0 beschreiben. Die geschätzten Variablen zur Beschreibung der periodischen Komponente werden durch $\hat{P}_0$ und $\hat{s}_0$ gekennzeichnet und sind über

$$\hat{s}_0(i) = \sum_{h=0}^{K_0} \frac{s\left(i + h\,\hat{P}_0\right)}{K_0} \quad i \in [0, \hat{P}_0], \ \hat{P}_0 \in [P_{\min}, P_{\max}] \tag{3.41}$$

mit dem Eingangssignal verknüpft. Die minimale und maximale Periodendauer kann durch $P_{\min}$ und $P_{\max}$ in Samples vorgegeben werden und $K_0 = (N-1)/P_0$ beschreibt die Anzahl der Perioden im Analysefenster. Das Ziel der 'Least-squares'-Schätzung ist die Bestimmung der Periodendauer, die den Schätzfehler $\sum_{i=1}^{N}(s(i) - \hat{s}_0(i))^2$ in jedem Fenster minimiert. Für die Ermittlung der Dauer wurde von Friedman [41] ein normalisiertes Maß bestimmt, das sich durch

$$R_1(\hat{P}_0) = \frac{I_0(\hat{P}_0) - I_1(\hat{P}_0)}{\sum_{i=1}^{N} s(i) - I_1(\hat{P}_0)} \tag{3.42}$$

mit

$$I_1(\hat{P}_0) = \sum_{i=1}^{\hat{P}_0} \sum_{h=0}^{K_0} \frac{s(i + h\,\hat{P}_0)^2}{K_0} \tag{3.43}$$

und

$$I_0(\hat{P}_0) = \sum_{i=1}^{N} \hat{s}_0^2(i) = \sum_{i=1}^{\hat{P}_0} \frac{\left(\sum_{h=0}^{K_0} s(i + h\,\hat{P}_0)\right)^2}{K_0} \tag{3.44}$$

ermitteln lässt. Das Maximum von $R_1(\hat{P}_0)$ liefert die Periodendauer des Signals.

Zur Ermittlung des periodischen Verlaufs im Zeit-Frequenz-Bereich wird der Algorithmus auf die Frequenzwerte in einem Zeitschritt angewendet. Im Gegensatz zu Signalen im Zeitbereich unterscheiden sich die Amplituden im Analysefenster deutlich. Sie nehmen im Frequenzbereich zu höheren Harmonischen sehr stark ab. Um die unterschiedlichen Maximalwerte in den einzelnen Bereichen zu berücksichtigen, wird das Signal im Zeit-Frequenz-Bereich $X(m,k)$ vor der Anwendung des LSPE logarithmiert:

$$X_p(m,k) = \log_{10}\left(|X(m,k)| + 1\right). \tag{3.45}$$

Durch Addition der Konstante wird der Minimalwert von $X_p(m,k)$ zu null festgelegt. Ein Beispiel für die Anwendung des Schätzers auf Sprachsignale im Zeit-Frequenz-Bereich zeigt Abbildung 3.22. Zur besseren Darstellung wurde der resultierende Verlauf (Gl. 3.41) des periodischen Signals über alle Frequenzen eingezeichnet (rechtes Bild). Die Übereinstimmung der dominanten Strukturen ist deutlich erkennbar.

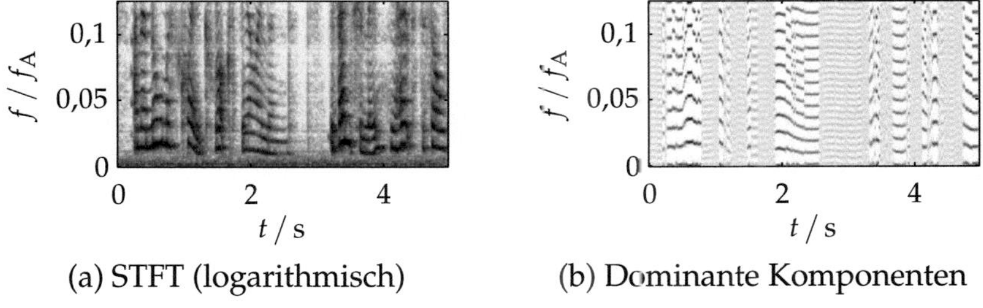

(a) STFT (logarithmisch)   (b) Dominante Komponenten

Abbildung 3.22. Ergebnisse des Schätzverfahrens zur Ermittlung der Periodizität für ein Beispielsignal.

3.4. Rekonstruktion

Mit der Schätzung der quellspezifischen (geometrischen) Merkmale ist die Voraussetzung für die Rekonstruktion der Signale im Zeit-Frequenz-Bereich geschaffen. Die Schätzung der Koeffizienten

$$\hat{S}_i(m,k) = f\left(X_j(m,k),\, X_C(m,k),\, \Delta\varphi_c(k),\, \Theta\right) \tag{3.46}$$

ist grundsätzlich von den Eingangssignalen $X_j(m,k)$ und den frequenzabhängigen Erwartungswerten der Phasendifferenzen $\Delta\varphi_c(k)$ abhängig. Der Parametersatz Θ enthält jeweils methodenspezifische Kenngrößen. Die Variable $X_C(m,k)$ enthält die quellenabhängigen Eigenschaften jedes Koeffizienten. Sie müsste nicht explizit angegeben werden, weil sie sich aus den Eingangssignalen ermitteln lässt.

In vielen Ansätzen zur Rekonstruktion erfolgt die Berechnung in zwei Schritten. Mit Hilfe der geometrischen und statistischen Merkmale wird für jeden Sprecher $i = 1,\ldots,M$ eine Maske

$$M_i(m,k) = \mathrm{f}\left(X_C(m,k), \Delta\varphi_c(k), \Theta\right) \qquad (3.47)$$

ermittelt. Anschließend lassen sich die Quellsignale

$$\hat{S}_{ji}(m,k) = M_i(m,k)\,X_j(m,k) \quad \forall\, m,k \qquad (3.48)$$

am j-ten Sensor bestimmen. Entsprechend der Diskussion in Kap. 2.3.3 können nur die an den Sensoren detektierten Einzelsignale rekonstruiert werden. Dieses Konzept wird in der Literatur als 'Time-Frequency-Masking' bezeichnet [35, 104].

Im den folgenden Abschnitten werden verschiedene Ansätze zur Ermittlung der Koeffizienten im Zeit-Frequenz-Bereich vorgestellt, die auf der Basis der statistischen Betrachtungen in Kapitel 3.3 eine Rekonstruktion der Koeffizienten ermöglichen. Zuvor sollen noch die beiden grundsätzlichen Konzepte zur Wahl der Masken dargestellt werden.

Binäre Masken

Für die Koeffizienten $M_i(m,k)$ sind nur die beiden Werte '0' und '1' erlaubt und die Summe über alle Masken in einem Zeit-Frequenz-Schritt muss 1 sein. Damit erfolgt eine absolute Zuweisung des Sensorkoeffizienten $X_j(m,k)$ zu einem Sprecher. Eine vollständige Trennung der Signale ist für diesen Fall nur möglich, wenn in jedem Koeffizienten ausschließlich Frequenzanteile einzelner Sprecher enthalten sind. Diese Eigenschaft lässt sich für zwei Quellsignale $s_1(t)$ und $s_2(t)$ durch

$$S_1(m,k)\,S_2(m,k) = 0 \quad \forall\, m,k \qquad (3.49)$$

beschreiben und wurde 2004 von Yilmaz und Rickard [104] als 'W-disjoint orthogonality' definiert. Für eine gegebene Fensterfunktion W müssen die STFT-Koeffizienten der Signale disjunkt orthogonal sein. Diese Bedingung ist für zeitgleich auftretende Sprachsignale nicht erfüllt. Auf Grund der Spärlichkeit der Signale im Zeit-Frequenz-Bereich (der Großteil der Energie ist in wenigen Koeffizienten konzentriert) konnte von Yilmaz et al. gezeigt werden, dass die Bedingung 3.49 näherungsweise erfüllt ist. Wie hoch die disjunkte Orthogonalität ist, wird unter anderem von der Fensterlänge, der Sprachcharakteristik und der Anzahl der Sprecher beeinflusst.

Relative Masken

Die Qualität der Trennung bei der Verwendung binärer Masken hängt von der Orthogonalität der Signale ab. Ist diese Bedingung nicht in ausreichendem Maße erfüllt, ist eine relative Zuteilung notwendig. Um die Koeffizienten $X_j(m,k)$ mehreren Sprechern zuordnen zu können, werden alternative Masken definiert, die eine anteilige Zuweisung ermöglichen. Die Masken enthalten Werte aus dem Intervall $[0, 1]$ und es muss

$$\sum_{i=1}^{M} M_i(m,k) = 1. \tag{3.50}$$

gelten.

3.4.1. Wahrscheinlichkeitsbasierte Zuweisung

Die Phasendifferenzen $\Delta\varphi_C(m,k)$ können als Indikator für die Aktivität einzelner Sprecher in jedem Zeit- und Frequenzschritt verwendet werden. Auf Grund der Lage relativ zu den ermittelten Schwerpunkten der Phasendifferenzen (siehe Kap. 3.3) ist eine Aussage über die Aktivität der Quellen möglich. Ist der Signalanteil in einem Zeit-Frequenz-Koeffizienten für einen Sprecher dominant ('W-disjoint orthogonality'), liegt der Phasenwert nahe dem zugehörigen Schwerpunkt. Damit kann die positions-/sprecherabhängige Phasendifferenz zur Bestimmung von Masken verwendet werden. Zwei prinzipielle Konzepte sind in Abbildung 3.23 skizziert. In den beiden Histogrammen sind jeweils die geschätzten Mittelwerte der einzelnen Sprecher eingezeichnet.

Durch Auswertung der Abstände des aktuellen Wertes der Phasendifferenz $\Delta\varphi_C(m,k)$ zu den einzelnen Mittelwerten $\Delta\varphi_i(k)$ kann eine Zuordnung zu einem Sprecher erfolgen. In der linken Abbildung sind für

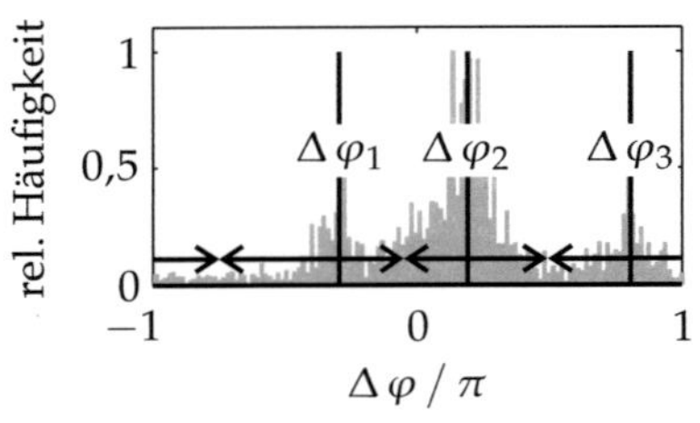

(a) Auswertung der Abstände

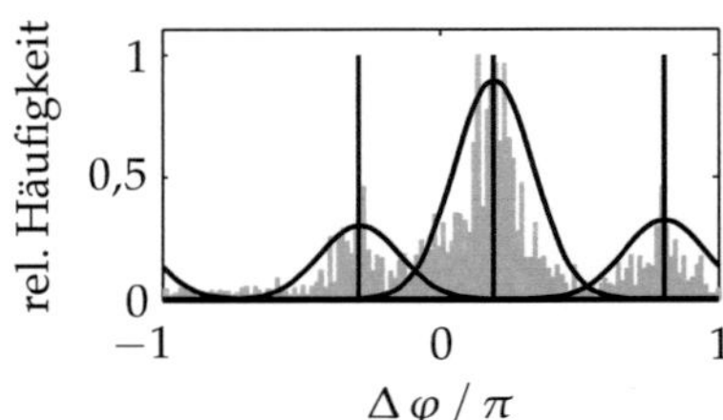

(b) Modellierung als Verteilung

Abbildung 3.23. Ansätze zur Rekonstruktion der Koeffizienten in einem Frequenzband.

diesen Fall die Bereiche der Zugehörigkeit mit Pfeilen gekennzeichnet. Eine absolute Zuweisung der Werte führt zu binären Masken, welche durch

$$
M_i(m,k) = \begin{cases} 1 & \text{für} \quad \underset{i,\,r=-1,0,1}{\mathrm{argmin}} \left[\left| \Delta\,\varphi_{\mathrm{C}}(m,k) - \Delta\,\varphi_i(k) + r \cdot 2\,\pi \right| \right] \\ 0 & \text{sonst} \end{cases}
$$

$$(3.51)$$

definiert sind. Der zusätzliche Term $r \cdot 2\,\pi$ berücksichtigt die Periodizität und garantiert die Bestimmung des kürzesten Abstandes. Derartige Masken wurden unter anderem in [104] und [8] verwendet.

Eine andere Möglichkeit ist die vollständige Nutzung der statistischen Merkmale der einzelnen Quellen. Aus den im Fuzzy-Clustering geschätzten Mittelwerten und Varianzen kann die Wahrscheinlichkeitsverteilung der Phasendifferenzen für jeden Sprecher z. B. durch eine Normalverteilung beschrieben werden. Zur Veranschaulichung sind die angepassten Normalverteilungen in Abb. 3.23 (b) eingezeichnet. Die Vorgehensweise zur Bestimmung der Parameter und die Wahl entsprechender Verteilungsfunktionen wird an späterer Stelle diskutiert. Nach Ermittlung der Wahrscheinlichkeiten $P\left(\Delta\,\varphi_{\mathrm{C}}(m,k)|\Delta\,\varphi_i(k),\sigma_i(k)\right)$ für jede Quelle, kann durch

$$
M_i(m,k) = \frac{P\left(\Delta\,\varphi_{\mathrm{C}}(m,k)|\Delta\,\varphi_i(k),\sigma_i(k)\right)}{\sum_j P\left(\Delta\,\varphi_{\mathrm{C}}(m,k)|\Delta\,\varphi_j(k),\sigma_j(k)\right)}
$$

$$(3.52)$$

ein relativer Wert für die einzelnen Koeffizienten der Maske unter Einhaltung der Bedingung 3.50 bestimmt werden. Insbesondere Werte, die mittig zwischen zwei Erwartungswerten liegen, lassen sich jetzt den Quellen anteilig zuweisen.

3.4.2. Zugehörigkeit

Ein sehr einfacher Ansatz zur Bestimmung einer Maske wird durch die Fuzzy-Clusteranalyse (Abschnitt 3.3.2) ermöglicht. Die Zugehörigkeitswerte $u_{m,i}(k)$ eines Messwertes wurden durch Auswertung der Abstände zu den Clustermittelpunkten der einzelnen Quellen bestimmt und geben bereits eine relative Zugehörigkeit zu den einzelnen Quellsignalen an. Auf Grund der Normierung können die Werte entsprechend

$$M_i(m,k) = u_{m,i}(k) \tag{3.53}$$

gewählt werden. Durch die Variable m_E kann sogar die Schärfe der Zuordnung angepasst werden (Gl. 3.36). Durch Auswahl der maximalen Zugehörigkeit lassen sich die binären Masken

$$M_i(m,k) = \begin{cases} 1 & \text{für} \quad \underset{i}{\mathrm{argmax}}\,[u_{m,i}(k)] \\ 0 & \text{sonst} \end{cases} \tag{3.54}$$

ermitteln.

Für die Bestimmung der Masken ist kein zusätzlicher Rechenaufwand notwendig, sofern zur statistischen Analyse das Clusterverfahren Verwendung findet. Erfolgt die Bestimmung der Phasenwerte mit Hilfe der geometrischen ICA, können die Zugehörigkeitswerte nachträglich durch Gleichung 3.36 ermittelt werden.

3.4.3. Lösung des Gleichungssystems

Die bisher vorgestellten Methoden schätzen die Koeffizienten der Quellsignale durch explizite Auswertung der Abstände zu den jeweiligen Erwartungswerten. Bei der Vorstellung der ICA in Kap. 3.3.1 wurde bereits angedeutet, dass auch für die allgemeine Darstellung

$$\begin{bmatrix} x_1(t) \\ x_2(t) \end{bmatrix} = \begin{bmatrix} a_{11} & \cdots & a_{1M} \\ a_{21} & \cdots & a_{2M} \end{bmatrix} \begin{bmatrix} s_1(t) \\ \vdots \\ s_M(t) \end{bmatrix} = \mathbf{A} \cdot \begin{bmatrix} s_1(t) \\ \vdots \\ s_M(t) \end{bmatrix}$$

Ansätze zur Schätzung des Quellsignalvektors existieren. Es wird angenommen, dass die Matrix $\mathbf{A}$ bereits vollständig bekannt ist. Für eine übersichtlichere Darstellung wird die kompakte Schreibweise

$$\mathbf{x} = \mathbf{A}\,\mathbf{s} \tag{3.55}$$

verwendet. Der Lösungsansatz kann ohne weiteres auf die Signale in der Zeit-Frequenz-Darstellung übertragen werden, wobei eine Berechnung für jedes Frequenzband separat erfolgt.

Bestimmter Fall

Für den bestimmten Fall ($M = 2$) ist eine einfache Rekonstruktion der Signale möglich. Durch Invertierung der Matrix $\mathbf{A}$ erfolgt die Ermittlung der Quellsignale entsprechend

$$\begin{bmatrix} s_1(t) \\ s_2(t) \end{bmatrix} = \mathbf{A}^{-1} \cdot \begin{bmatrix} x_1(t) \\ x_2(t) \end{bmatrix}. \tag{3.56}$$

Die Qualität der Rekonstruktion hängt ausschließlich von der Bestimmung der Matrix $\mathbf{A} \in \mathbb{R}^{2 \times 2}$ ab. Sofern die Matrix schlecht konditioniert ist, können Probleme bei der Invertierung auftreten.

Unterbestimmter Fall

Sind mehr Quellen als Sensoren vorhanden ($M > 2$), ist das Gleichungssystem unterbestimmt und eine Lösung nur unter der Annahme zusätzlicher Bedingungen möglich. In diesem Fall wird die Wahrscheinlichkeit $P(\mathbf{s})$ der Quellsignale als bekannt vorausgesetzt, wodurch eine Lösung des Problems unter Verwendung des Maximum-Likelihood-Prinzips [65, 93] bestimmt werden kann.

Die Problemstellung ist folgendermaßen definiert: Für einen gegebenen Vektor $\mathbf{x} \in \mathbb{R}^2$ und eine Matrix $\mathbf{A} \in \mathbb{R}^{2 \times M}$ muss ein unabhängiger Vektor gefunden werden, der unter Vorgabe von Nebenbedingungen die Gleichung $\mathbf{x} = \mathbf{A}\,\mathbf{s}$ erfüllt. Die Sensorwerte hängen nur von den Quellsignalen und der Matrix ab. Aus diesem Grund lässt sich die Wahrscheinlichkeit, einen bestimmten Vektor $\mathbf{x}$ bei bekannten $\mathbf{A}$ und $\mathbf{s}$ zu erhalten, durch $P(\mathbf{x}|\mathbf{s},\mathbf{A})$ angeben. Unter Verwendung des Theorems von Bayes ist die A-posteriori-Wahrscheinlichkeit von $\mathbf{s}$ als

$$P(\mathbf{s}|\mathbf{x},\mathbf{A}) = \frac{P(\mathbf{x}|\mathbf{s},\mathbf{A}) \cdot P(\mathbf{s})}{P(\mathbf{x})} \tag{3.57}$$

definiert. Sind mehrere Samples von $\mathbf{x}$ bekannt, ist ein Standardansatz zur Rekonstruktion der Quellsignale der Maximum-Likelihood-Algorithmus. Unter Verwendung der beobachteten Samples können die wahrscheinlichsten Werte für $\mathbf{s}$ gefunden werden, die Gleichung 3.55 erfüllen. Eine Schätzung der unbekannten Quellsignale wird durch die Lösung des Problems

$$\hat{\mathbf{s}} = \underset{\mathbf{x}=\mathbf{A}\,\mathbf{s}}{\operatorname{argmax}}\,[P(\mathbf{s}|\mathbf{x},\mathbf{A})] = \underset{\mathbf{x}=\mathbf{A}\,\mathbf{s}}{\operatorname{argmax}}\,[P(\mathbf{x}|\mathbf{s},\mathbf{A})\cdot P(\mathbf{s})] \qquad (3.58)$$

ermittelt. Ist $\mathbf{x}$ vollständig durch $\mathbf{s}$ und $\mathbf{A}$ bestimmt, ist die Wahrscheinlichkeit $P(\mathbf{x}|\mathbf{s},\mathbf{A})$ ausschließlich von $P(\mathbf{s})$ abhängig. Die vorhergehende Gleichung kann somit zu

$$\hat{\mathbf{s}} = \underset{\mathbf{x}=\mathbf{A}\,\mathbf{s}}{\operatorname{argmax}}\,[P(\mathbf{s})] \qquad (3.59)$$

vereinfacht werden. Eine ideale Lösung ist gefunden, wenn die gewählten Quellsignale $\hat{s}_i$ die Wahrscheinlichkeitsverteilung maximieren und gleichzeitig die Gleichung $\mathbf{x} = \mathbf{A}\,\mathbf{s}$ erfüllen.

Die Wahl der Wahrscheinlichkeitsverteilungen ist entscheidend für die Qualität der Schätzung. Im Folgenden werden zwei A-priori-Wahrscheinlichkeiten vorgestellt:

1. **Normalverteilung**

   Unter der Annahme, dass die Quellsignale gaußförmig (z. B. $P(s_i) = \mathrm{e}^{-s_i^2}$) verteilt sind und die Unabhängigkeit der Signale gilt, ergibt sich

   $$\begin{aligned} \hat{\mathbf{s}} &= \underset{\mathbf{x}=\mathbf{A}\,\mathbf{s}}{\operatorname{argmax}}\,\left[\mathrm{e}^{-s_1^2-\cdots-s_M^2}\right] = \underset{\mathbf{x}=\mathbf{A}\,\mathbf{s}}{\operatorname{argmin}}\,\left[+s_1^2+\ldots+s_M^2\right] \\ &= \underset{\mathbf{x}=\mathbf{A}\,\mathbf{s}}{\operatorname{argmin}}\,\|\mathbf{s}\|_2 = \mathbf{A}^+\,\mathbf{x}. \end{aligned}$$

   Die Schätzung der Quellsignale wird durch die Minimierung der L_2-Norm erzielt. Dies entspricht der Rekonstruktion mit Hilfe der Pseudo-Inversen $\mathbf{A}^+$.

2. **Laplaceverteilung**

   Können die Quellsignale durch eine Laplaceverteilung (z. B. $P(s_i) = \mathrm{e}^{-|s_i|}$) beschrieben werden, lässt sich Gl. 3.59 zu

   $$\begin{aligned} \hat{\mathbf{s}} &= \underset{\mathbf{x}=\mathbf{A}\,\mathbf{s}}{\operatorname{argmax}}\,\left[\mathrm{e}^{-|s_1|-\cdots-|s_M|}\right] = \underset{\mathbf{x}=\mathbf{A}\,\mathbf{s}}{\operatorname{argmin}}\,[+|s_1|+\ldots+|s_M|] \\ &= \underset{\mathbf{x}=\mathbf{A}\,\mathbf{s}}{\operatorname{argmin}}\,\|\mathbf{s}\|_1 \end{aligned}$$

   umformen.

Bei der Analyse von spärlich verteilten Sprachsignalen ist die Wahl der Laplaceverteilung sinnvoll. Die Lösung dieses Optimierungsproblems liefert eine Schätzung der Quellsignale. Das Minimierungsproblem kann z. B. mit Hilfe der linearen Programmierung [97] oder des Gradientenabstiegsverfahrens [91] gelöst werden.

4. Verfahren zur Trennung akustischer Signale

Nach der Diskussion der Methoden, die zur Separation der Signale notwendig sind, folgt in diesem Kapitel die Beschreibung des prinzipiellen Ansatzes. In Abbildung 4.1 ist die Vorgehensweise zur Rekonstruktion der Signale in einem Blockdiagramm dargestellt. Im Rahmen dieser Arbeit wurden die einzelnen Schritte in fünf Blöcke unterteilt, wobei im ersten und letzten Block jeweils die Transformation der Signale durchgeführt wird. Auf Grund der ähnlichen Inhalte dieser beiden Blöcke kann die Separation der Signale in vier grundlegende Schritte unterteilt werden:

1. Zeit-Frequenz-Transformation

2. Lokalisation

3. Statistische Analyse

4. Rekonstruktion

Die Aufteilung entspricht nahezu der Gliederung in Kapitel 3. Anstatt der Laufzeitschätzung wird hier der übergeordnete Begriff 'Lokalisation' verwendet. Für einen vollständigen Überblick werden die einzelnen Schritte nochmals kurz zusammengefasst.

Mit Hilfe der **Zeit-Frequenz-Transformation** erhält man eine Beschreibung des Signals in Abhängigkeit von Zeit und Frequenz. Diese kombinierte Darstellung ist notwendig, um einerseits die Zeitabhängigkeit der Sprachsignale zu berücksichtigen und andererseits die Korrespondenz der Faltung im Zeitbereich mit der Multiplikation im Frequenzbereich zu nutzen. Dabei werden zwei Methoden betrachtet: die Kurzzeit-Fourier-Transformation (STFT) als Standardverfahren und die analytischen Wavelet-Packets (AWP).

Den nächsten Schritt stellt die **Lokalisation** dar, die in mehrere Teilschritte aufgeteilt ist. Eine Schätzung der Laufzeit bzw. der Schalleinfallsrichtung kann mit der verallgemeinerten Kreuzkorrelation (GCC) oder

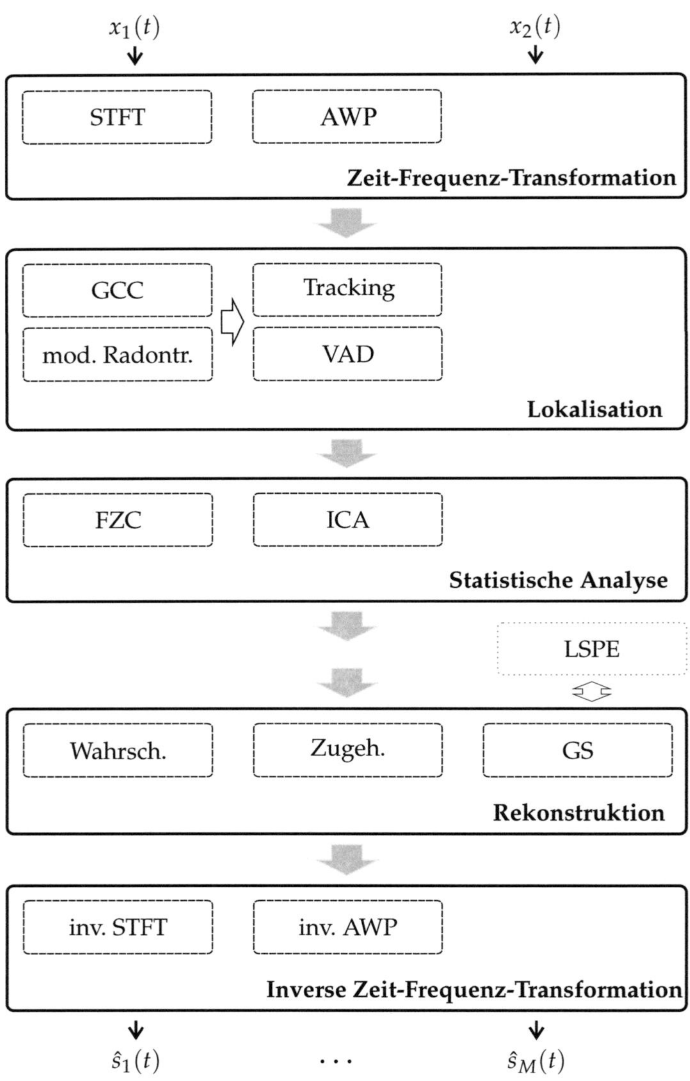

Abbildung 4.1. Verarbeitungsschritte bei der Separation der Sensorsignale. Das Blockdiagramm enthält alle Aspekte, die im Rahmen der Arbeit betrachtet wurden.

der modifizierten Radontransformation erfolgen. Für die Separation der Signale in dynamischen Umgebungen ist eine Detektion der Sprecheraktivität (engl. 'voice activity detection', Abk.: VAD) und die Verfolgung (Tracking) bewegter Quellen notwendig.

Im Anschluss folgt die **statistische Analyse** der Messwerte. Die geometrische Realisierung der Independent Component Analysis (ICA) oder das angepasste Fuzzy-Clusterverfahren (FZC) ermöglichen eine Bestimmung der Erwartungswerte der Phasendifferenzen in jedem Frequenzband. Durch die anteilige Zuordnung der Messwerte zu den Quellen können weitere Momente der Verteilungen geschätzt werden.

Die **Rekonstruktion** der Koeffizienten kann durch Auswertung der Phasendifferenzen (Wahrscheinlichkeit), unter Verwendung der Zugehörigkeiten oder durch die explizite Lösung des linearen Gleichungssystems erfolgen. Insbesondere für den ersten Fall stehen unterschiedliche Konzepte zur Bestimmung der Masken zur Verfügung. Zur Berücksichtigung charakteristischer Spracheigenschaften und Verbesserung der Rekonstruktionsergebnisse kann aus einer ersten Rekonstruktion die Schätzung der Grundperioden einzelner Sprecher (LSPE) erfolgen. Diese Methode ist nicht dem Verarbeitungsschritt zugeordnet, weil bereits eine Schätzung der Quellsignale für die Anwendung notwendig ist.

Im vorliegenden Kapitel werden im ersten Abschnitt die einzelnen Blöcke separat diskutiert und die Ausgangsvariablen erläutert. Anschließend werden die einzelnen Algorithmen vorgestellt, die in Kapitel 5 evaluiert werden. Die Implementierungen enthalten alle grundlegenden Verarbeitungsschritte. Die Wahl der jeweiligen Methoden ist jedoch abhängig von der Aufgabenstellung.

4.1. Umsetzung der Verarbeitungsschritte

Im Folgenden soll auf die Realisierung der verschiedenen Verarbeitungsschritte eingegangen werden. In den einzelnen Abschnitten werden unter anderem anwendungsspezifische Aspekte der Quellentrennung besprochen, die Parametrierung der Verfahren vorgestellt und offene Fragestellungen diskutiert.

4.1.1. Zeit-Frequenz-Transformation

Für den Übergang in den Zeit-Frequenz-Bereich stehen die Kurzzeit-Fourier-Transformation und die analytischen Wavelet-Packets zur Verfügung. Die diskreten Signale $x_j(n)$ werden jeweils in die Zeit-Frequenz-Ebene transformiert und die Koeffizienten durch $X_j(m,k)$ dargestellt. Auf Grund der ausführlichen Diskussion in Kap. 3.1 ist im Folgenden nur noch eine anwendungsspezifische Betrachtung der beiden Transformationen und die Auswahl der freien Parameter notwendig.

Anwendungsspezifische Diskussion

Nach der Transformation der Signale erfolgen weitere Verarbeitungsschritte, die eine Analyse der Signale in einem Frequenzband (z. B. ICA) oder in einem Zeitschritt erfordern (z. B. LSPE). Durch die äquidistante Aufteilung der Zeit-Frequenz-Ebene besitzt die STFT einen entscheidenden Vorteil: alle Verfahren können ohne zusätzlichen Aufwand angewendet werden. Bei Verwendung der analytischen Wavelet-Packets erhält man eine signalangepasste Aufteilung der Frequenzachse, wodurch Schwierigkeiten bei den folgenden Schritten auftreten können. Eine Erklärung erfolgt anhand der beispielhaften Zerlegung eines Signals in der linken Skizze der Abbildung 4.2. Durch die angepasste Zerlegung kann zwar eine separate Analyse in jedem Frequenzband erfolgen, bei der Betrachtung einzelner Zeitschritte führt die unterschiedliche Zeitauflösung jedoch zu einem Problem. Diese Tatsache verlangt eine Umstrukturierung der Ebene, die in dieser Arbeit durch eine Zerlegung in die jeweils kleinsten Zeit- und Frequenzraster erfolgt (der Wert der Koeffizienten bleibt erhalten). Nach der Rekonstruktion wird dieser Schritt wieder rückgängig gemacht. Die weiteren Verarbeitungsschritte müssen jedoch auf einem deutlich vergrößerten Datensatz durchgeführt werden. Diese Lösung ist nicht ideal für einen exakten Vergleich der beiden Transformationen, für eine anwendungsspezifische Betrachtung ist diese Vorgehensweise jedoch ausreichend.

Parameterwahl

Der wichtigste Parameter für die Zeit-Frequenz-Transformation ist die Länge des Analysefensters. In den Betrachtungen von Yilmaz und Rickard [104] ergeben sich im reflexionsfreien Fall die besten Ergebnisse für eine Fensterlänge von 1024 Samples bei einer Abtastrate $f_A = 16\,\text{kHz}$.

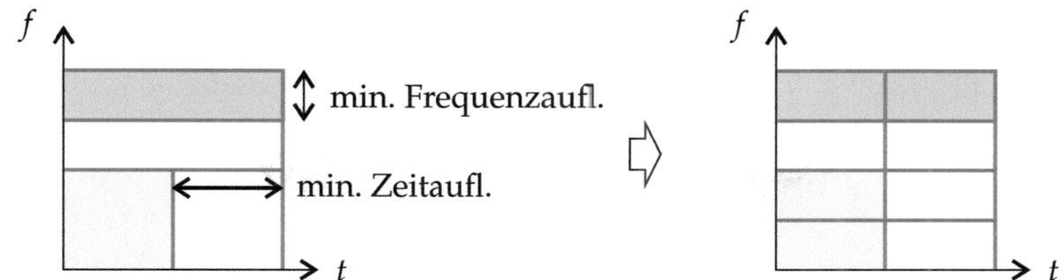

Abbildung 4.2. Anpassung der analytischen Wavelet-Packets durch Unterteilung in das minimale Zeit- und Frequenzraster.

Eine ausführliche Analyse in reflexionsbehafteter Umgebung liefern Araki et al. [9]. Die Qualität der Rekonstruktion wurde in Abhängigkeit der Fenster- und Signallänge untersucht. Die besten Ergebnisse in dieser Arbeit konnten für eine Fensterlänge von 1024 Samples bei $f_A = 8\,\text{kHz}$ erzielt werden. Durch die Länge wird garantiert, dass ein Großteil der Energie der Raumimpulsantwort in einem Fenster liegt. Bei kurzer Signaldauer wird durch die Wahl großer Fensterlängen die Anzahl an Werten in jedem Frequenzband sehr gering und reicht unter Umständen nicht mehr für eine korrekte Schätzung der statistischen Informationen aus. In Abhängigkeit der Signallänge muss ein Kompromiss zwischen den Auflösungen im Zeit- und Frequenzbereich gefunden werden.

Bei der STFT ist der Grad der Überlappung der Analysefenster ein weiterer Parameter. Im Rahmen dieser Arbeit wird die Überschneidung zu mindestens 50 Prozent gewählt. Neben der maximalen Fenstergröße können bei den AWP verschiedene Filter verwendet werden. Die Wahl der Filterfunktionen orientiert sich an [102].

4.1.2. Lokalisation

Die Lokalisation besteht aus zwei Teilschritten. Als Erstes wird eine Schätzung der Schalleinfallsrichtung ermittelt. In Kapitel 3.2 wurden zwei Verfahren vorgestellt und verglichen. Die modifizierte Radontransformation liefert insbesondere für kurze Sensorabstände eine genauere Auflösung. Aus diesem Grund wird im Folgenden ausschließlich dieses Verfahren verwendet. Abhängig von den betrachteten Szenarien können durch eine Objektverfolgung und die Detektion der Sprecheraktivitäten die Schätzergebnisse verbessert und weitere Informationen für den Rekonstruktionsschritt ermittelt werden.

Die Richtungsschätzung benötigt als Eingangssignale die Zeit-Frequenz-Darstellungen der Sensorsignale, um die Phasendifferenzen zwischen zwei korrespondierenden Koeffizienten ermitteln zu können. Das Schätzverfahren liefert als Ausgangswerte die Einfallsrichtung (α_i) und die Winkel im Histogramm (θ_i), die über Gleichung 3.30 miteinander verknüpft sind. Erfolgt die Winkelschätzung mit einer hohen Wiederholrate, können durch eine Objektverfolgung einzelne Fehlschätzungen korrigiert werden. Die Detektion der Sprecheraktivität liefert Informationen zur Aktivität der einzelnen Sprecher in jedem Zeitschritt.

Richtungsschätzung für mehrere Quellen

Eine Trennung der Sprachsignale ist natürlich nur notwendig, wenn mehrere Quellen zeitgleich aktiv sind. Für diesen Fall soll die Richtungsschätzung ebenfalls zuverlässige Ergebnisse liefern. Diese erweiterte Betrachtung ist notwendig, da bei Aktivität mehrerer Sprecher die quellspezifischen Phasendifferenzen derart gestört werden können, dass eine Fehlschätzung erfolgt. Zur Überprüfung werden Sensorsignale aus der *SiSEC*-Datenbank (vier Sprecherinnen) verwendet. Die Schätzung erfolgt mit Hilfe der modifizierten Radontransformation. Die Resultate für zwei verschiedene Nachhallzeiten sind in den Abbildungen 4.3 und 4.4 dargestellt. Die Winkelkurven besitzen jeweils vier deutlich erkennbare Maxima. Neben den Ergebnissen der Winkelschätzungen sind in den beiden Abbildungen auch die Frequenz-Phasendifferenz-Darstellungen angegeben. Die eingezeichneten Geraden sind durch den Winkel θ (Parameter der Radontransformation) definiert und geben die Position der Phasendifferenzen für den reflexionsfreien Fall an. Die realen Phasendifferenzen gruppieren sich in jedem Frequenzband um diese idealen Werte. In der Tabelle 4.1 sind nochmals die Winkel der Maxima ('mixed') angegeben. Zum Vergleich sind die Werte aus der Konfigurationsdatei und die Schätzung der Einfallsrichtung für die Einzelsignale ('single') eingetragen. Unabhängig von der Anzahl der Sprecher liegen die Ergebnisse der eigenen Schätzungen in demselben Bereich. Eine Begründung für die Abweichungen zu den Angaben in der Konfigurationsdatei kann nicht gegeben werden, insbesondere weil kein systematischer Fehler erkennbar ist. Auch bei der Analyse eigener Daten traten keine derart großen Abweichungen auf (siehe Anhang C.1).

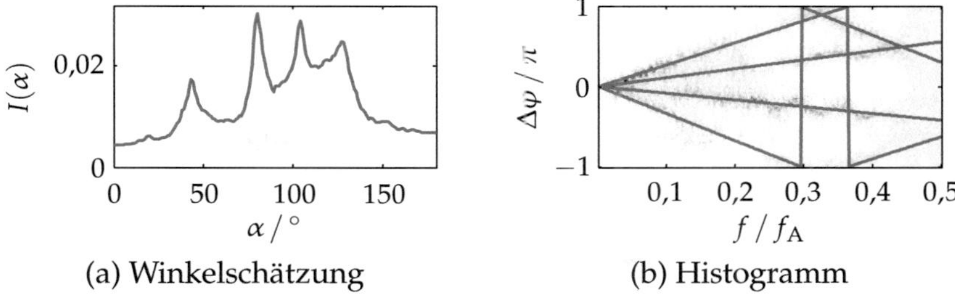

(a) Winkelschätzung

(b) Histogramm

Abbildung 4.3. Richtungsschätzung für ein Mischsignal der Länge 10 s und einer Nachhallzeit von 130 ms.

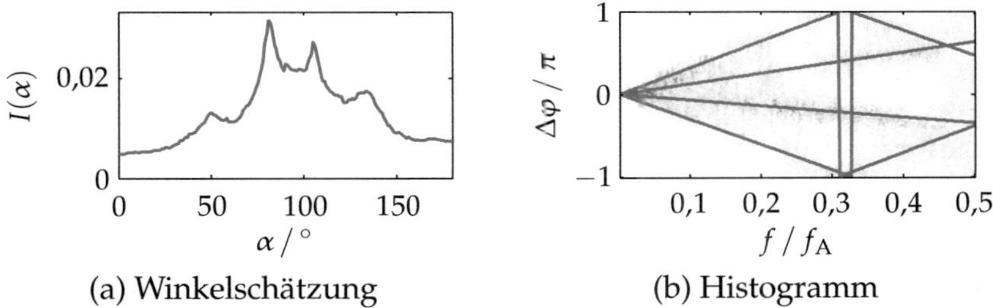

(a) Winkelschätzung

(b) Histogramm

Abbildung 4.4. Richtungsschätzung für ein Mischsignal der Länge 10 s und einer Nachhallzeit von 250 ms.

		α_1	α_2	α_3	α_4
SiSEC Konfig.		40 °	80 °	105 °	135 °
$RT_{60} = 130$ ms	single	45 °	81 °	104 °	129 °
	mixed	44 °	81 °	105 °	128 °
$RT_{60} = 250$ ms	single	50 °	82 °	106 °	137 °
	mixed	50 °	82 °	106 °	135 °

Tabelle 4.1. Ergebnisse der Richtungsschätzung mit Hilfe der modifizierten Radontransformation für vier Sprecherinnen im Abstand von 1 m.

Detektion der Sprecheraktivität

Die Erkennung der Sprecheraktivität [7] ist für realistische Szenarien sinnvoll, denn durch die Interaktion der einzelnen Personen sind normalerweise nie alle Sprecher gleichzeitig aktiv. Detektiert man die wechselnden Aktivitäten, können Zeitfenster bestimmt werden, in denen nur wenige Personen sprechen, wodurch bessere Ergebnisse bei der Trennung zu erwarten sind. Im Rahmen der Arbeit wird die Sprecheraktivität nur bei den dynamischen Algorithmen (Kap. 4.2.3) berücksichtigt und implizit durch eine Analyse der Richtungsschätzung gelöst. Auf die Umsetzung wird an der entsprechenden Stelle eingegangen.

Objektverfolgung

In realer Umgebung ist durchaus eine Bewegung einzelner Sprecher zu erwarten, was zu einer Änderung der Einfallswinkel führt. Im Idealfall sollte man diese Änderungen dynamisch verfolgen können. Von der Umsetzung einer akustischen Objektverfolgung innerhalb der Quellentrennung wurde aus unterschiedlichen Gründen Abstand genommen. Grundlegende Betrachtungen zur Objektverfolgung finden sich in Kapitel 6.2.

4.1.3. Statistische Analyse

Mit Hilfe statistischer Verfahren ist die Schätzung der Erwartungswerte der Phasendifferenzen $\Delta\varphi_i(k)$ in jedem Frequenzband möglich. Dafür stehen die beiden in Kapitel 3.3 vorgestellten Verfahren zur Verfügung. In diesem Abschnitt wird die Verwendung von ICA und FZC zur Quellentrennung an einem konkreten Beispiel vorgestellt und die Qualität der geschätzten Parameter diskutiert. Im Hinblick auf die Rekonstruktion werden auch verschiedene Verteilungsfunktionen zur Approximation der Messwertverteilung verglichen.

Erwartungswerte der Phasendifferenzen

Die Erwartungswerte stellen die wichtigste statistische Information dar und beeinflussen die Qualität der Signaltrennung im reflexionsbehafteten Fall entscheidend. An einem Beispiel soll die Qualität der Schätzung durch einen Vergleich mit den Ergebnissen bei separater Betrachtung der einzelnen Sprecher bewertet werden. Als Testdatensatz kommt ein

Mischsignal mit drei weiblichen Sprechern ($RT_{60} = 250\,\text{ms}$) aus der *Si-SEC*-Datenbank zum Einsatz.

Die Erwartungswerte werden für ICA und FZC durch Auswertung der statistischen Informationen in jedem Frequenzband ermittelt. Um einen Überblick über die Verteilung der Phasendifferenzen zu erhalten, ist in Abbildung 4.5 (a) die Frequenz-Phasendifferenz-Darstellung skizziert. Für eine bessere Darstellung wurden die amplitudenbewerteten Histogramme in jedem Frequenzband auf einen Maximalwert von 1 normiert. Zur Ermittlung einer Referenz stehen in der Datenbank die Sensordaten für die einzelnen Quellen zur Verfügung. Diese Signale können zur Berechnung von Referenzwerten $\Delta \varphi_i^{R}(k)$ verwendet werden. Die Erwartungswerte lassen sich aus den Sensorsignalen zu

$$\Delta \varphi_i^{R}(k) = \arg \left[\frac{\sum_{m=1}^{N} |X_{\mathrm{C}}(m,k)|\, \mathrm{e}^{\mathrm{j}\,\Delta\varphi_{\mathrm{C}}(m,k)}}{\sum_{m=1}^{N} |X_{\mathrm{C}}(m,k)|} \right] \qquad (4.1)$$

bestimmen. Die entsprechenden Referenzwert sind für alle drei Quellen in Abb. 4.5 (b) skizziert. Die in Kapitel 2 diskutierte Abweichung der Erwartungswerte vom Direktschall ist deutlich erkennbar.

Unter Verwendung der ICA und des Clusterverfahrens werden die Erwartungswerte im Mehrsprecherfall ermittelt. Die Ergebnisse sind in den beiden unteren Bildern der Abbildung eingezeichnet. Es sind Abweichungen von den Schwerpunktverläufen bei separater Betrachtung der Quellen zu erkennen. Für $f > 0{,}45\,f_{\mathrm{A}}$ sind die Schätzungen für alle drei Sprecher unbrauchbar. Aus den Histogrammen ist erkennbar, dass die Phasendifferenzen in diesem Bereich tendenziell durch eine Gleichverteilung beschrieben werden und keine dominanten Maxima aufweisen. Eine Fehldetektion bereitet jedoch selten Probleme, da in diesen Bereichen keine hohen Signalenergien zu erwarten sind. Es ist anzunehmen, dass der abweichende Verlauf durch eine Tiefpassfilterung bei der Datenaufnahme verursacht wurde. Geringere Abweichungen sind z. B. auch in einem Frequenzbereich um $f = 0{,}2\,f_{\mathrm{A}}$ erkennbar. Eine Begründung liefert unter anderem die Betrachtung der Frequenz-Phasendifferenz-Darstellung. In diesem Bereich finden sich in der Darstellung einige Auffälligkeiten. Die beiden 'unteren' Sprecher sind in diesem Frequenzbereich deutlich dominanter und es ist kein klares Maximum erkennbar. In solchen Bereichen sind stärkere Abweichungen der Schwerpunktverläufe zu erwarten, weil die einzelnen Cluster nicht deutlich gegeneinander abgegrenzt sind.

Eine statistische Untersuchung der Variationen erfolgt durch Auswertung der Ergebnisse für jeweils 50 Realisierungen. Die Reihenfolge der

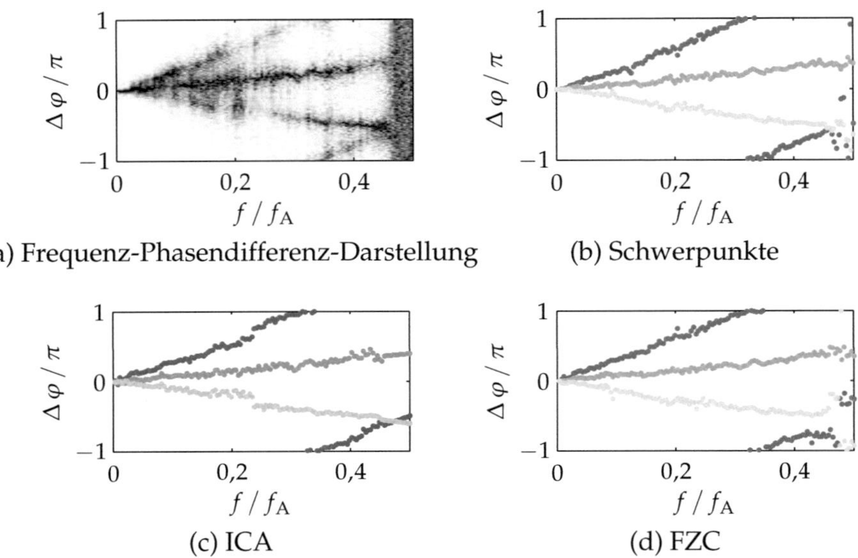

(a) Frequenz-Phasendifferenz-Darstellung   (b) Schwerpunkte

(c) ICA   (d) FZC

Abbildung 4.5.   Schätzung der Erwartungswerte für ein Beispielsignal für $N_\mathrm{T} = 256$.

Sensordaten wird bei jeder Durchführung geändert wird. Damit lassen sich Unterschiede der Independent Component Analysis ermitteln, die durch die iterative Verarbeitung der Eingangswerte entstehen können. Das Clusterverfahren wird zeitgleich auf alle Koeffizienten in einem Frequenzband angewendet und ist somit unabhängig von der Reihenfolge. In Abbildung 4.6 sind die Erwartungswerte $\mathrm{E}\{d_\mathrm{SP}\}$ der Abweichung der ermittelten Phasendifferenzen zum korrespondierenden Schwerpunkt (Referenzwert) aufgetragen. Für die Abweichung gilt:

$$d_\mathrm{SP} = \Delta\,\varphi_i(k) - \Delta\,\varphi_i^\mathrm{R}(k). \tag{4.2}$$

Zusätzlich ist für die ICA noch der Bereich

$$d_\mathrm{SP} \in [\mathrm{E}\{d_\mathrm{SP}\} - \sigma(d_\mathrm{SP}), \mathrm{E}\{d_\mathrm{SP}\} + \sigma(d_\mathrm{SP})]$$

durch einen senkrechten Strich gekennzeichnet. Die bereits im vorhergehenden Abschnitt beschriebenen Abweichungen für hohe Frequenzen

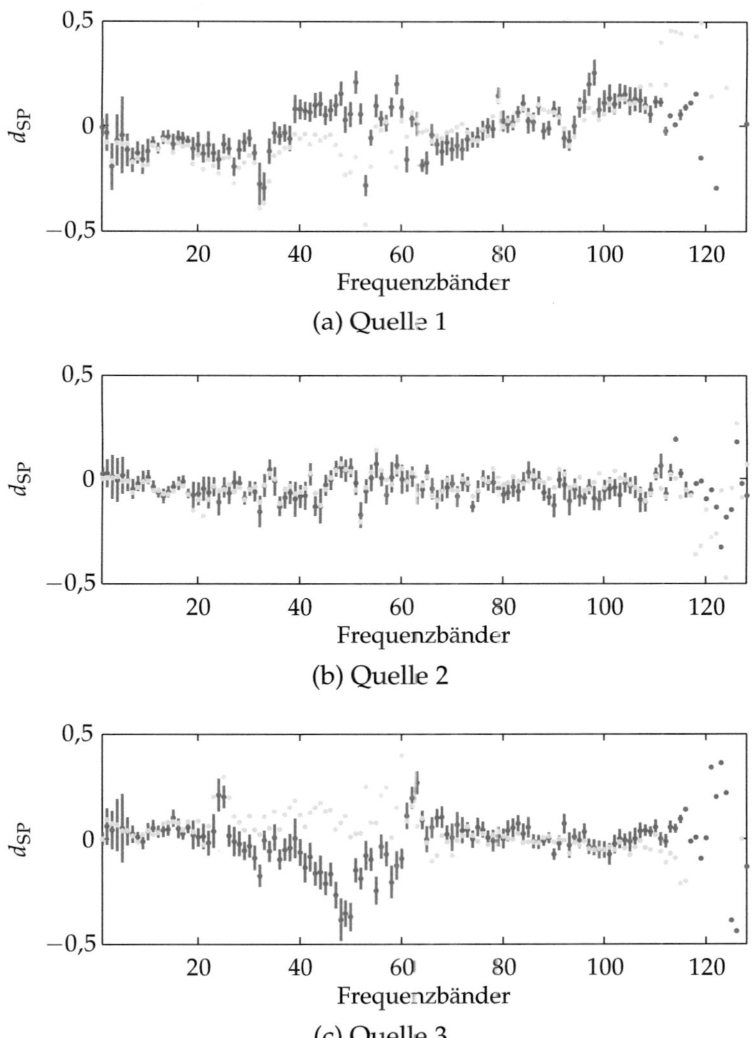

(a) Quelle 1

(b) Quelle 2

(c) Quelle 3

Abbildung 4.6. Betrachtung der Abweichungen vom Schwerpunktverlauf für 50 Realisierungen von FZC (hellgrau) und ICA (dunkelgrau). Für alle drei Quellen sind in den Frequenzbändern jeweils Mittelwert (ICA, FZC) und Standardabweichungen (ICA) angegeben.

sind in Abb. 4.6 für alle drei Quellen klar erkennbar. Auch die Schwankungen im Bereich um $f = 0{,}2\,f_\mathrm{A}$ zeigen sich in den Bildern (Frequenzbänder im Bereich $k = 50$). Interessant ist die gegensätzliche Abweichung der Schwerpunkte von ICA und FZC, welche für die erste und dritte Quelle auftreten. Erklären lässt sich insbesondere die Verschiebung der ICA durch das 'competitive learning', da jeweils nur der nächstliegende Vektor gelernt wird und die signifikanten Werte eher in der Mitte liegen. Dadurch werden die äußeren Vektoren nach innen gezogen, wenn die Phasenwerte ungleichmäßig verteilt sind.

Um eine etwas allgemeinere Aussage über die Abweichungen der Schwerpunkte treffen zu können, erfolgte eine Betrachtung der vier direkt verfügbaren *SiSEC*-Datensätze. Alle Distanzen d_SP wurden für jeweils 50 Realisierungen der Versuche ermittelt und unabhängig von der Frequenz als Histogramme aufgetragen. Die einzelnen Resultate sind nach Sprecheranzahl und Nachhallzeit gruppiert in Abb. 4.7 dargestellt. In allen vier Fällen ist die Verteilung der Werte um null konzentriert. Nimmt die Anzahl der Sprecher oder die Nachhallzeit zu, ergeben sich breitere Verteilungen. Die Erhöhung der Nachhallzeit resultiert in einer stärkeren Verwischung der Phasendifferenzen auf Grund dominanterer Reflexionen. Bei einer größeren Sprecheranzahl nimmt der gegenseitige Einfluss der Sprecher zu und es treten häufiger Überlagerungen sprecherspezifischer Phasenwerte auf. Ein direkter Vergleich zwischen ICA und FZC zeigt insbesondere für kürzere Nachhallzeiten geringere Abweichungen bei Verwendung des Clusterverfahrens.

Verwendung der Standardabweichung/Varianz

Aus den Zugehörigkeiten lassen sich mit Hilfe der Gleichungen 3.39 und 3.40 die Standardabweichungen für die einzelnen Cluster berechnen. Die Erwartungswerte und Standardabweichungen können zur Parametrierung von Wahrscheinlichkeitsdichten verwendet werden, welche die Verteilung der Phasenwerte beschreiben sollen. Liefern die Wahrscheinlichkeitsdichten eine gute Approximation der Verteilung der Phasendifferenzen, können sie im weiteren Verlauf zur Ermittlung der Wahrscheinlichkeiten $P(\Delta\,\varphi_\mathrm{C}(m,k)|\Delta\,\varphi_i(k),\sigma_i(k))$ für die einzelnen Koeffizienten, und somit zur Rekonstruktion (siehe Kapitel 3.4.1) genutzt werden.

Aus diesem Grund wird eine Gesamtverteilungsdichte für alle Phasen-

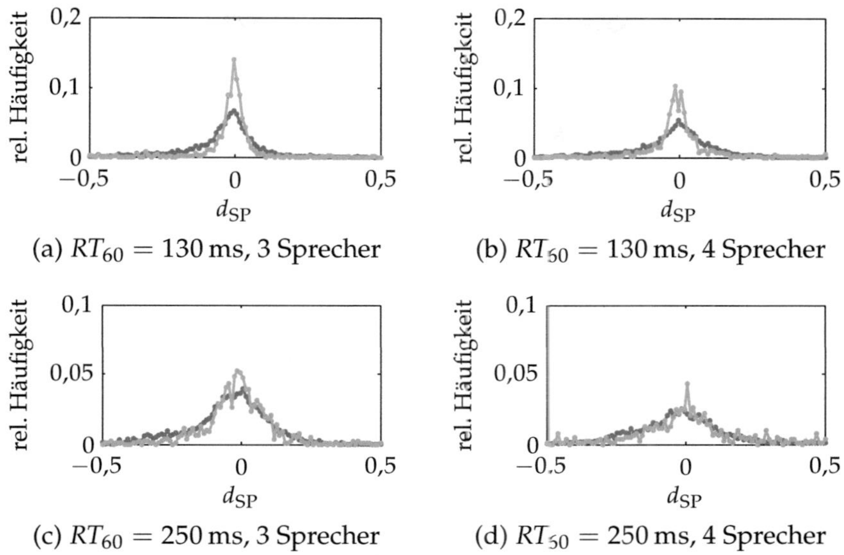

(a) $RT_{60} = 130$ ms, 3 Sprecher

(b) $RT_{60} = 130$ ms, 4 Sprecher

(c) $RT_{60} = 250$ ms, 3 Sprecher

(d) $RT_{60} = 250$ ms, 4 Sprecher

Abbildung 4.7. Verteilung der Abweichungen von den realen Schwerpunkten für 50 Schätzungen und alle Frequenzen. Die Ergebnisse der ICA sind in Dunkelgrau, der FZC in Hellgrau dargestellt.

werte ermittelt. Für die resultierende Dichtefunktion soll

$$\int_{-\infty}^{\infty} f_G(x)\,dx = 1$$

gelten. Die Wahrscheinlichkeitsverteilung der Phasendifferenzen besteht jedoch aus der Überlagerung separater Verteilungen, die dementsprechend nur anteilig berücksichtigt werden dürfen.Die Funktion $f_G(x)$ wird durch

$$f_G(x) = \sum_{i=1}^{M} c_i \cdot f_i(x) \tag{4.3}$$

als gewichtete Summation über die einzelnen Dichtefunktionen bestimmt. Damit die Gesamtwahrscheinlichkeit den Wert 1 annimmt, muss bei Verwendung standardisierter Verteilungen die Summe über alle Koeffizienten c_i ebenfalls 1 betragen. Es ist ungünstig, die Koeffizienten für alle Quellen gleich zu wählen. Dadurch wird nicht berücksichtigt, dass die Beiträge der Sprecher in den unterschiedlichen Frequenzbändern stark variieren und einzelne Quellen unter Umständen sehr dominant sind. Diese Information ist in den Amplitudenwerten der Koeffizienten enthalten und kann mit Hilfe der Zugehörigkeiten ausgewertet werden:

$$c_i(k) = \frac{\sum_{m=1}^{N} u_{m,i}(k) \cdot |X_C(m,k)|}{\sum_{i=1}^{M} \sum_{m=1}^{N} u_{m,i}(k) \cdot |X_C(m,k)|}. \tag{4.4}$$

An einem Beispiel wird die Plausibilität der Annahmen gezeigt. Das verwendete Mischsignal ist der *SiSEC*-Datenbank entnommen und enthält Anteile von drei Sprechern bei einer Nachhallzeit von 130 ms. In Abb. 4.8 (a) ist das amplitudenbewertete Histogramm für die Frequenz $f = 0{,}34\,f_A$ skizziert. Das Histogramm wurde derart skaliert, dass die Summation über die einzelnen Recktecke (Intervallbreite × Balkenhöhe) identisch 1 ist. Durch diese Normierung ist ein einfacher Vergleich mit einer Wahrscheinlichkeitsverteilung möglich. In den anderen Bildern sind die anhand Gl. 4.3 ermittelten Verläufe für unterschiedliche Verteilungen eingezeichnet, wobei zur besseren Darstellung die Skalierung der y-Achsen angepasst wurden. Im Hintergrund sind die zugrunde liegenden Histogramme erkennbar. Die Standardabweichungen wurden aus den Varianzen (Gl. 3.40) ermittelt. Die Werte im Histogramm lassen bereits vermuten, dass die Normalverteilung (Bild (b)) die Wahrscheinlichkeit nicht adäquat abbilden kann. Für die Beschreibung spärlich verteilter Signale bietet sich eher die Laplaceverteilung [5] an, deren Wahrscheinlichkeitsdichte nach

$$f(x) = \frac{1}{2\sigma} e^{-\frac{|x-\mu|}{\sigma}} \tag{4.5}$$

ermittelt wird. Aus der Varianz wird der Skalenparameter berechnet ($\sigma = \sqrt{\mathrm{var}(x)/2}$). Die deutlich verbesserte Übereinstimmung der Verteilung mit dem Histogramm ist in Abb. 4.8 (c) ersichtlich. Eine weitere steilgipflige Verteilung ist die Cauchyverteilung [5], welche durch

$$f(x) = \frac{1}{\pi} \cdot \frac{s}{s^2 + (x-t)^2} \tag{4.6}$$

definiert ist. Die Variablen t und s werden als Erwartungswerte und Standardabweichungen der einzelnen Cluster gewählt. Die Qualität der Approximation ist mit den Ergebnissen der Laplaceverteilung vergleichbar.

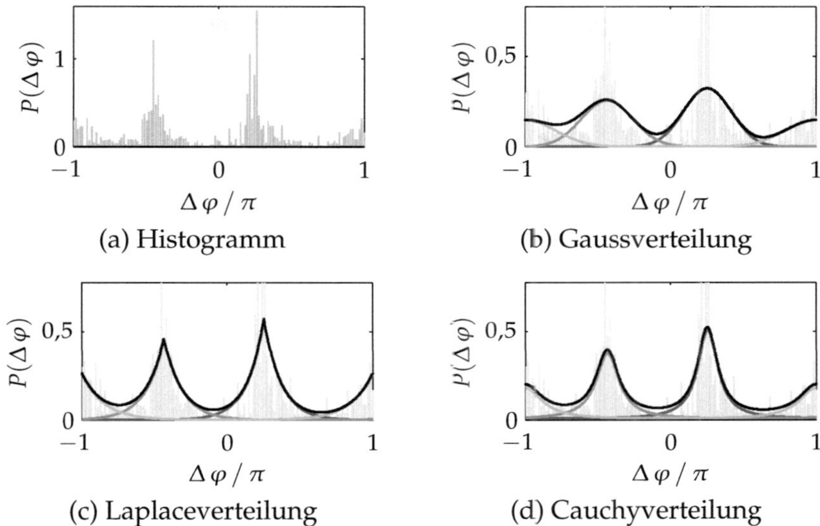

(a) Histogramm (b) Gaussverteilung

(c) Laplaceverteilung (d) Cauchyverteilung

Abbildung 4.8. Approximation der Wahrscheinlichkeitsverteilung durch Überlagerung der sprecherspezifischen Verteilungen. Für einen deutlichere Darstellung erfolgte eine unterschiedliche Skalierung der y-Achsen.

Im Folgenden soll ein Nachteil dieses Konzeptes aufgezeigt werden. In Abbildung 4.9 sind zwei Histogramme bei unterschiedlichen Frequenzen dargestellt. Im linken Bild werden die Werte durch die skalierten Verteilungen gut beschrieben. Das rechte Beispiel zeigt den Nachteil dieser Vorgehensweise bei der Analyse eng zusammenliegende Erwartungswerte, denn obwohl das Histogramm gut angenähert wird, ist die mittlere Quelle sehr stark bewertet. Eine entsprechende Dominanz eines einzelnen Sprechers ist insbesondere für niedrige Frequenzen nicht zu erwarten. Bei der Rekonstruktion müssen diese fehlerhaften Aufteilungen beachtet werden.

Eine detaillierte Betrachtung, wie bei der Analyse der Erwartungswerte, wird nicht durchgeführt. An diesem Beispiel sollte nur gezeigt werden, dass die ermittelten Varianzen charakteristisch für die einzelnen Verteilungen sind. Durch die Verwendung steilgipfliger Wahrscheinlichkeitsverteilungen lässt sich die Verteilung der Phasendifferenzen prinzi-

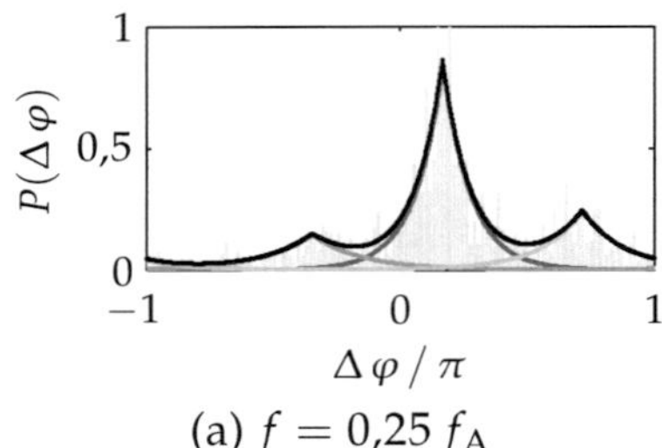 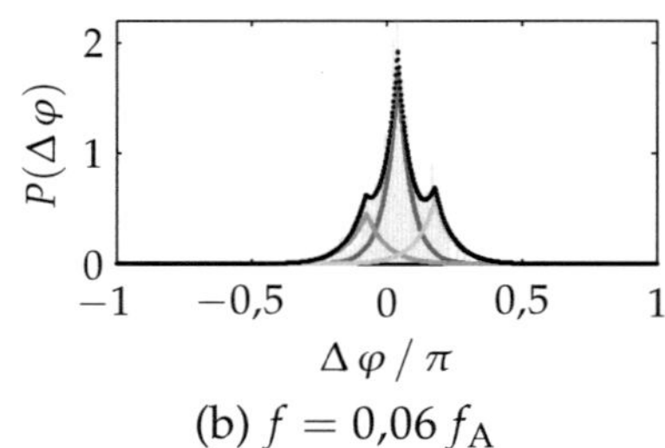

(a) $f = 0{,}25\,f_\mathrm{A}$ (b) $f = 0{,}06\,f_\mathrm{A}$

Abbildung 4.9. Beispiele für die Approximation mit Laplaceverteilungen im niedrigen Frequenzbereich.

piell gut beschreiben. Diese Information wird entsprechend bei der Rekonstruktion berücksichtigt.

4.1.4. Rekonstruktion

Die Schätzung der quellenabhängigen Zeit-Frequenz-Koeffizienten ist der wichtigste Schritt der Signaltrennung. Die Qualität der Ergebnisse hängt jedoch entscheidend von der statistischen Analyse ab. In diesem Abschnitt werden die Konzepte zur Rekonstruktion aus Kap. 3.4 kurz wiederholt und anschließend einige Nachteile der Quellentrennung im Frequenzbereich besprochen. Im Anschluss folgt die Vorstellung unterschiedlicher Lösungsansätze.

Ansätze zur Rekonstruktion

Für die Rekonstruktion wurden prinzipiell drei Ansätze diskutiert, die zur Ermittlung der Koeffizienten im Zeit-Frequenz-Bereich Verwendung finden. Die Konzepte werden kurz zusammengefasst:

- Durch **Invertierung** der Gleichung $\mathbf{x} = \mathbf{A}\,\mathbf{s}$ können die quellspezifischen Signalanteile ermittelt werden. Für unterbestimmte Systeme ist die Invertierung nur unter Nebenbedingungen möglich (z. B. Annahmen über die Werteverteilung der Phasendifferenzen).

- Die **Zugehörigkeit** ist zur Ermittlung der Cluster notwendig. Diese Information wird anschließend für die Bestimmung der Koeffizienten verwendet.

- Durch die Beschreibung der quellspezifischen Messwerte mit Hilfe von Wahrscheinlichkeitsverteilungen kann eine **wahrscheinlichkeitsbasierte Rekonstruktion** erfolgen. Die Kenngrößen der Verteilungen werden im Rahmen der statistischen Analyse ermittelt.

Die Ergebnisse der beiden letzten Verfahren werden zur Bestimmung einer Maske verwendet. Neben der Erstellung binärer Masken besteht die Möglichkeit einer anteiligen Zuweisung der Koeffizienten des Sensorsignals.

Nachteile der Verfahren

Der Übergang in den Zeit-Frequenz-Bereich vereinfacht die Lösung des Separationsproblems. Auf Grund der Verlegung des Trennschrittes in die einzelnen Frequenzbänder müssen hingegen neue Aspekte berücksichtigt werden.

Das **Permutationsproblem** beschreibt allgemein die Schwierigkeiten der frequenzselektiven Rekonstruktion bei der Signaltrennung. Die Richtungsvektoren bzw. Erwartungswerte der Phasendifferenzen werden in jedem Frequenzband ermittelt und z. B. zur Bestimmung der Mischmatrix verwendet. Entsprechend dem folgenden Beispiel

$$\mathbf{x} = \begin{bmatrix} a_{11} & a_{12} \\ a_{21} & a_{22} \end{bmatrix} \begin{bmatrix} s_1 \\ s_2 \end{bmatrix} = \begin{bmatrix} a_{12} & a_{11} \\ a_{22} & a_{21} \end{bmatrix} \begin{bmatrix} s_2 \\ s_1 \end{bmatrix}$$

sind die Messwerte jedoch unabhängig von der Anordnung der Spaltenvektoren, wenn sich die Reihenfolge der Quellsignale ebenfalls ändert. Für die Rekonstruktion in einem Frequenzband stellt eine Permutation kein Problem dar. Kombiniert man aber im Anschluss die Koeffizienten der unterschiedlichen Frequenzbänder, erhält man nur bei identischen Permutationen eine gültige Schätzung der Sprachsignale. Im Laufe der Rekonstruktion muss das Permutationsproblem somit gelöst werden. Ein Ansatz zur Lösung ist die Zuordnung der frequenzabhängigen Vektoren z. B. mit Hilfe eines DOA-Clusterverfahrens [87] zu den jeweiligen Sprechern. Im Rahmen dieser Arbeit ist ein derartiger Schritt nicht notwendig. Durch die Richtungsschätzung in der Frequenz-Phasendifferenz-Ebene (siehe Abb. 4.3 in Kap. 4.1.2) sind bereits gute Startwerte für die statistische Analyse bekannt. Durch den Aufbau der Verfahren ist es sehr wahrscheinlich, dass ausgehend von den Startwerten die nächsten Erwartungswerte ermittelt werden und somit die korrekte Zuordnung bereits a priori erfolgt. Ein Beispiel ist in Abbildung 4.5 skizziert. Die Erwartungswerte der Phasendifferenzen wurden sowohl für die ICA als auch für das FZC den Sprechern (unterschiedliche Farben) korrekt zugeordnet.

Ein weiteres Problem ist die **eingeschränkte Separierbarkeit** in einzelnen Frequenzbändern. Die Qualität und Aussagekraft der berechneten Erwartungswerte hängt stark von den Distanzen zwischen den Clustern ab. In Abbildung 4.10 (a) sind die unterschiedlichen Anhäufungen klar erkennbar und die geschätzten Mittelpunkte charakteristisch für die einzelnen Gruppen. Die absolute Zuweisung einer Phasendifferenz in Abhängigkeit des Abstandes kann in diesen Fällen bereits gute Resultate liefern. Im rechten Bild sind innerhalb des Histogramms nicht drei Anhäufungen erkennbar, sondern ausschließlich ein Cluster um den Nullpunkt. In diesem Fall werden nur deshalb drei Erwartungswerte detektiert, weil der Algorithmus entsprechend initialisiert wurde. Dieser Effekt tritt vor allem im niedrigen Frequenzbereich auf, wenn die Phasendifferenzen auf Grund der hohen Wellenlänge noch sehr gering sind. Dies ist im Histogramm in Abb. 4.5 erkennbar. Ähnliche Probleme treten bei der Überlappung von Geraden (bei $f = 0{,}45\,f_\mathrm{A}$) auf Grund der Periodizität der Phasenwerte auf. Eine Zuweisung zu dem nächstliegenden Mittelwert oder

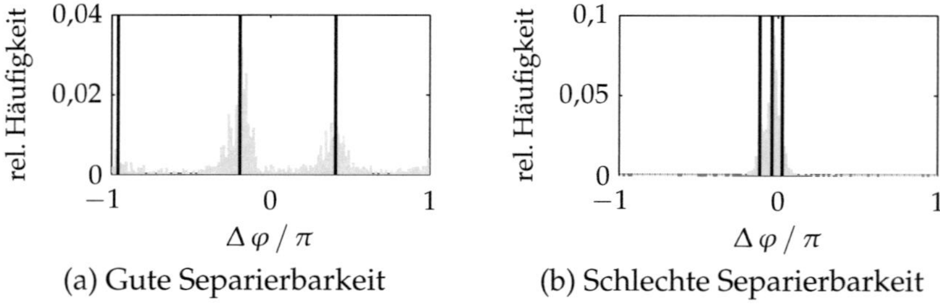

(a) Gute Separierbarkeit   (b) Schlechte Separierbarkeit

Abbildung 4.10.   Unterschiedliche Qualität und Aussagekraft der Schätzungen.

eine wahrscheinlichkeitsbasierte Betrachtung ist in diesem Fall nicht ausreichend. Die Probleme bei der Modellierung der Verteilungen wurden bereits im vorhergehenden Abschnitt (Abb. 4.9) kurz erläutert und sollen mit Hilfe der folgenden Abbildung nochmals verdeutlicht werden. Wenn die Richtungsvektoren der einzelnen Quellen sehr nahe beieinander liegen, ist es schwierig die zur Darstellung eines Messwertes benötigten Koeffizienten und somit die aktiven Quellen zu ermitteln. Für die in Abbil-

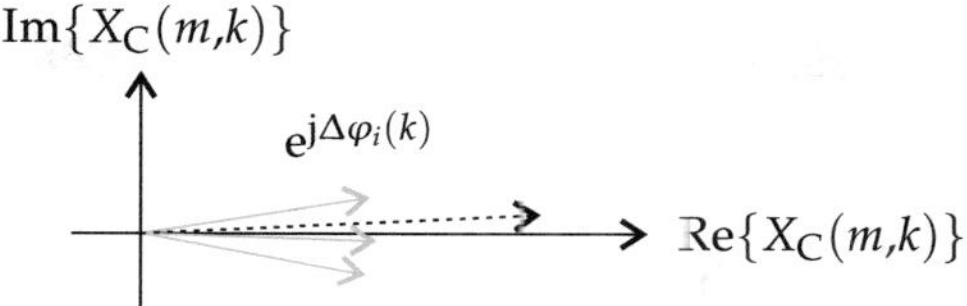

Abbildung 4.11. Approximation eines Vektors durch Überlagerung der Basisvektoren.

dung 4.11 skizzierte Lage ist es auch bei der Annahme einer spärlichen Verteilung der Phasenwerte kompliziert, die Koeffizienten korrekt zu ermitteln. Durch die Ungenauigkeiten auf Grund der reflexionsbehafteten Umgebung wird die Aufgabenstellung zusätzlich erschwert.

Lösungsansätze

Es ist notwendig, für das Problem der eingeschränkten Separierbarkeit Lösungen zu finden, insbesondere weil eine fehlerhafte Rekonstruktion in den niedrigen Frequenzbändern einen großen Einfluss auf die Sprachqualität hat und in diesem Bereich besonders viel Signalenergie konzentriert ist.

Durch Ermittlung der **Sprecherwahrscheinlichkeit in einem Zeitschritt** könnten sich fehlerhafte Zuweisungen der Koeffizienten korrigieren lassen. Ein naheliegender Ansatz ist die Schätzung der Sprecheraktivität aus den Wahrscheinlichkeitswerten der einzelnen Quellen zu einem festen Zeitpunkt m. Diese Vorgehensweise resultiert in den Wahrscheinlichkeiten

$$P_i(m) = \frac{\sum_k P(\Delta\,\varphi_\mathrm{C}(m,k)|\Delta\,\varphi_i(k), \sigma_i(k))}{\sum_i \sum_k P(\Delta\,\varphi_\mathrm{C}(m,k)|\Delta\,\varphi_i(k), \sigma_i(k))}. \tag{4.7}$$

Um die Aussagekraft der Schätzung zu überprüfen, wird für ein Beispielsignal (drei Sprecherinnen, $RT_{60} = 130\,\mathrm{ms}$) aus der *SiSEC*-Datenbank die Sprecherwahrscheinlichkeit in jedem Zeitschritt m ermittelt. Als Referenz werden die Energien der Einzelsignale für jeden Zeitschritt zueinander ins Verhältnis gesetzt. Die Ergebnisse sind in Abbildung 4.12 skizziert. Beide Verläufe zeigen ähnliche Tendenzen, vereinzelt treten aber deutliche Abweichungen auf. Obwohl die Sprecheraktivität nicht genau ermittelt werden kann, liefert der Ansatz zusätzliche Informationen, die bei der Rekonstruktion durchaus nutzbar sind.

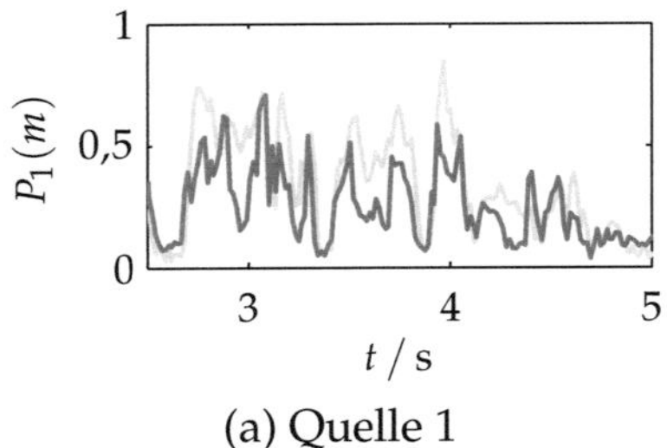

(a) Quelle 1

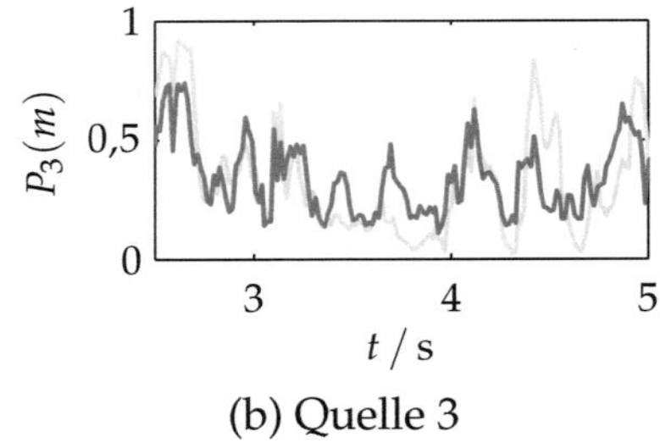

(b) Quelle 3

Abbildung 4.12. Schätzung der Sprecheranteile aus der Wahrscheinlichkeit für eine weiblichen Sprecher ($RT_{60} = 130\,\mathrm{ms}$). Die Referenzwerte sind in hellgrau eingezeichnet.

Bei einer separaten Rekonstruktion der Koeffizienten in jedem Zeitschritt können teilweise sehr starke Schwankungen zwischen benachbarten Zeitschritten auftreten. Derartige Sprünge sind jedoch nicht charakteristisch für die menschliche Sprache. Durch die **Berücksichtigung mehrerer Zeitschritte** kann der Koeffizientenverlauf geglättet werden.

Bei der Diskussion der einzelnen Verfahren zur Rekonstruktion wurden ausschließlich die statistischen Kenngrößen ausgewertet, jedoch nicht die Eigenschaften der menschlichen Sprache berücksichtigt. Insbesondere der **periodische Verlauf im Frequenzgang** (siehe Kap. 3.3.3) ist sprecher- und textspezifisch. Die Periodendauer wird durch die Grundfrequenz der einzelnen Sprecher bestimmt, eine periodische Struktur tritt erst bei stimmhafter Anregung (v. a. bei Vokalen) auf. Diese Information lässt sich ebenfalls zur Verbesserung der Rekonstruktion verwenden.

Auch bei anderen Separationsverfahren werden Abhängigkeiten in Zeit und Frequenz zur Korrektur der Ergebnisse genutzt [85].

4.2. Konkrete Realisierungen

Nach der anwendungsspezifischen Diskussion der einzelnen Teilschritte werden im Folgenden einige konkrete Umsetzungen der Separationsverfahren vorgestellt, wobei jeweils unterschiedliche Aspekte im Mittelpunkt stehen. Zunächst wird eine allgemeine Methode beschrieben, die als Basis für die weiteren Betrachtungen dient. Danach werden Verfahren zur koeffizientenübergreifenden Rekonstruktion betrachtet. Im

Vergleich zum Basisalgorithmus werden zusätzlich Nachbarschaften im Zeit-Frequenz-Bereich berücksichtigt. Abschließend werden zwei Separationsalgorithmen für dynamische Szenarien vorgestellt.

4.2.1. Basisalgorithmus

Als Erstes soll ein elementares Verfahren zur Separation beschrieben werden, das vom prinzipiellen Konzept der Vorgehensweise in [86, 87] ähnlich ist. Neben der Vorstellung des Algorithmus und einem Vergleich mit den Ansätzen von Sawada et al. [86] soll das Verfahren an einem Beispiel demonstriert werden.

Um einen ersten Überblick zu erhalten, sind die Verarbeitungsschritte in dem Blockdiagramm in Abb. 4.13 skizziert. Die Struktur stimmt mit

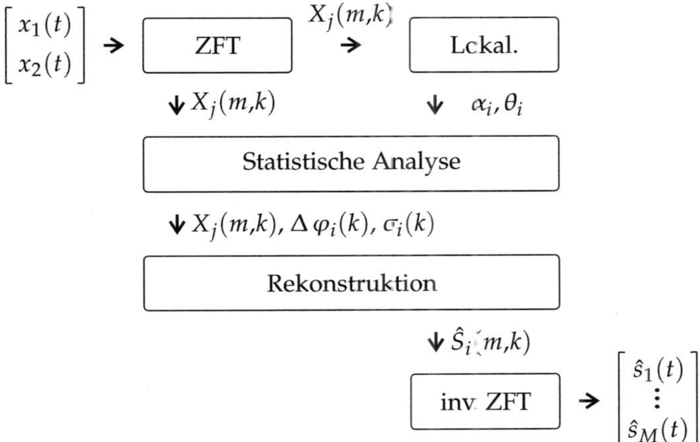

Abbildung 4.13. Basisalgorithmus zur Separation der Signale.

der Übersicht in Abbildung 4.1 überein und enthält alle relevanten Elemente wie Zeit-Frequenz-Transformation (ZFT), Lokalisation (mod. Radontransformation), statistische Analyse (SA) und Rekonstruktion. Die Anzahl der Quellen M wird als bekannt vorausgesetzt.

Implementierung

Bereits im einleitenden Abschnitt zu Kapitel 4 wurde der blockartige Aufbau des Separationsverfahrens vorgestellt. Für jeden Verarbeitungsschritt stehen unterschiedliche Methoden zur Verfügung, die nahezu beliebig kombinierbar sind. Eine Umsetzung des Algorithmus erfolgte in *MATLAB*. Der Quellcode ist entsprechend der Aufteilung in die Verarbeitungsschritte strukturiert. Die Verarbeitung der Signale erfolgt blockweise. Im Folgenden sind die einzelnen Schritte inklusive der möglichen Berechnungsmethoden nochmals angegeben. Neben der kompakten Darstellung der Vorgehensweise werden auch relevante Kapitel bzw. entsprechende Gleichungen referenziert.

Zeit-Frequenz-Transformation

Transformation der Signale in den Zeit-Frequenz-Bereich. Bei Verwendung der AWP muss die Aufteilung der Zeit-Frequenz-Ebene angepasst werden (Kap. 4.1.1).

STFT	$x_j(n)$ $\circ\!\!-\!\!\bullet$ $X_j(m,k)$		Gl. 3.5
AWP	$x_j(n)$ $\circ\!\!-\!\!\bullet$ $X_j^W(m,k)$		Gl. 3.8

Lokalisation

Vorverarbeitung der transformierten Signale:

Amplitude:	$\lvert X_C(m,k) \rvert = \sqrt{\lvert X_1(m,k) \rvert \cdot \lvert X_2(m,k) \rvert}$	Gl. 3.33
Phase:	$\Delta\varphi_C(m,k) = \Delta\varphi_1(m,k) - \Delta\varphi_2(m,k)$	Gl. 3.34

Die modifizierte Radontransformation liefert den Intensitätsverlauf über die betrachteten Winkel θ. Es werden die M größten Maxima ausgewählt.

Radon	$\lvert X_C(m,k) \rvert, \Delta\varphi_C(m,k)$	$\rightarrow$ θ_i, α_i	Kap. 3.2.2

Statistische Analyse

Bei der statistischen Analyse mit Hilfe der ICA werden nur die Erwartungswerte ermittelt. Das Clusterverfahren liefert zusätzlich Varianzen und Zugehörigkeitswerte. Zur Bestimmung der Varianzen wird die modifizierte Berechnungsmethode nach Gl. 3.40 verwendet.

ICA	$\lvert X_C(m,k) \rvert, \Delta\varphi_C(m,k), \theta_i$	$\rightarrow$ $\Delta\varphi_i(k)$	Kap. 3.3.1
FZC	$\lvert X_C(m,k) \rvert, \Delta\varphi_C(m,k), \theta_i$	$\rightarrow$ $\Delta\varphi_i(k), \sigma_i(k)$	Kap. 3.3.2

Für die ICA können im Nachhinein noch die Zugehörigkeiten gemäß Gl. 3.36 bestimmt werden. Damit ist ebenfalls eine Ermittlung der Varianzen möglich.

Rekonstruktion

Lineares Gleichungssystem

Die Mischmatrix $\mathbf{A}(k)$ ist durch die Phasenwerte $\Delta\varphi_i(k)$ definiert (Gl. 2.23). Durch Lösung des Optimierungsproblems

$$\hat{\mathbf{S}}(m,k) = \underset{\mathbf{X}(m,k)=\mathbf{A}(k)\,\mathbf{S}(m,k)}{\operatorname{argmin}} \|\mathbf{S}(m,k)\|_1 \tag{4.8}$$

kann eine Schätzung der Originalsignale erfolgen (Kap. 3.4.3).

Zugehörigkeit
Die im Rahmen der statistischen Analyse ermittelten Zugehörigkeitswerte können zur Definition einer Maske verwendet werden. Je nach Wahl der Maske (Gl. 3.53 oder Gl. 3.54) erfolgt eine absolute oder relative Zuweisung der Werte:

$$\hat{S}_{ji}(m,k) = M_i(m,k)\,X_j(m,k) \quad \forall\, m,k.$$

Wahrscheinlichkeitsbasierte Zuweisung
Für eine Zuweisung der Werte in Abhängigkeit der Wahrscheinlichkeit werden die Betrachtungen in Kap. 3.4.1 und die Analyse in Abschnitt 4.1.3 berücksichtigt. Die skalierte Wahrscheinlichkeitsverteilung der einzelnen Quellen wird durch

$$P_i(\Delta\varphi_{\mathrm{C}}(m,k)) = c_i(k) \cdot P\left(\Delta\varphi_{\mathrm{C}}(m,k)\,|\,\Delta\varphi_i(k), \sigma_i(k)\right) \tag{4.9}$$

angegeben, wobei der Koeffizient $c_i(k)$ (Gl. 4.4) die relativen Sprecheranteile in jedem Frequenzband berücksichtigt. Als Verteilungsfunktionen stehen die Gauß-, Laplace- oder Cauchy-Verteilung zur Auswahl. Nach Bestimmung der Wahrscheinlichkeiten für die unterschiedlichen Sprecher folgt die Ermittlung der Masken

$$M_i(m,k) = \frac{P_i(\Delta\varphi_{\mathrm{C}}(m,k))}{\sum_{i=1}^{M} P_i(\Delta\varphi_{\mathrm{C}}(m,k))}$$

und die Schätzung der Originalsignale

$$\hat{S}_{ji}(m,k) = M_i(m,k)\,X_j(m,k) \quad \forall\, m,k$$

an den beiden Sensorpositionen.

Inverse Zeit-Frequenz-Transformation

Es werden jeweils die Signale an beiden Sensoren rekonstruiert.

inv. STFT	$\hat{S}_{ji}(m,k)$	$\bullet\!\!-\!\!\circ\; \hat{s}_{ji}(n)$	Gl. 3.6
inv. AWP	$\hat{S}_{ji}^{W}(m,k)$	$\bullet\!\!-\!\!\circ\; \hat{s}_{ji}(n)$	Gl. 3.15

Vergleich

Wie bereits zu Beginn des Abschnittes erwähnt, orientiert sich die Vorgehensweise unter anderem an dem Ansatz von Sawada et al. [86] zur

Separation der Signale. Eine Änderung der prinzipiellen Vorgehensweise ist weniger sinnvoll, weil die Trennung der Signale im Frequenzbereich sehr gute Resultate liefert. Dies zeigen unter anderem die Ergebnisse, die im Rahmen der *Signal Separation Evaluation Campaign* [3] veröffentlicht wurden. Eine Verbesserung kann jedoch durch Erweiterung und Anpassung einzelner Verarbeitungsschritte erzielt werden. Besondere Aspekte stellen die Verwendung der analytischen Wavelet-Packets und die modifizierte Radontransformation zur Richtungsschätzung dar. Die Verwendung der Fuzzy-Clusteranalyse und die daraus resultierenden, erweiterten Möglichkeiten zur Rekonstruktion sind detailliert untersucht worden.

Beispiel

Für eine anschauliche Darstellung werden im Folgenden die Ergebnisse der einzelnen Verarbeitungschritte für ein Beispiel bildlich dargestellt und kurz besprochen. Für die Separation der Signale wird eine Implementierung mit STFT, Fuzzy-Clusterverfahren und wahrscheinlichkeitsbasierter Zuweisung verwendet.

Das Mischsignal aus der *SiSEC*-Datenbank enthält Anteile von drei weiblichen Personen ($RT_{60} = 250\,\text{ms}$). In der korrespondierenden Zeit-Frequenz-Darstellung in Abbildung 4.14 sind die periodische Struktur der Sprachsignale und der hohe Energieanteil bei niedrigen Frequenzen erkennbar. Eine Zuordnung der Koeffizienten zu unterschiedlichen Sprechern ist anhand des einzelnen Signals nicht möglich. Um den Separationsansatz zu motivieren, sollen die geometrischen Merkmale betrachtet werden.

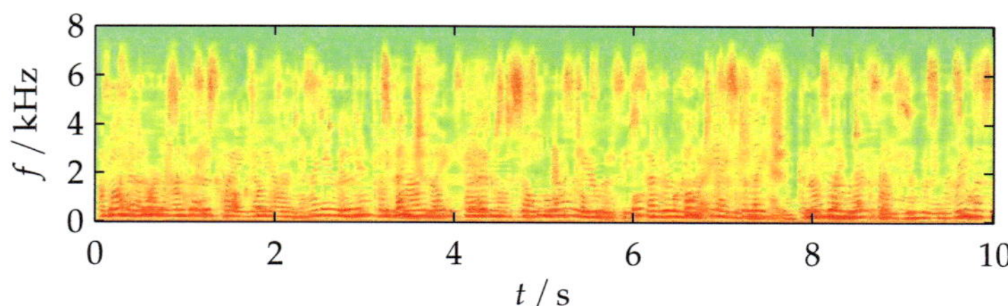

Abbildung 4.14. Logarithmische Darstellung der Amplituden des rechten Sensorsignals im Zeit-Frequenz-Bereich. Hohe Amplituden sind rot, niedrige Amplituden grün dargestellt.

Die Darstellung der Phasendifferenzen (Abb. 4.15) lässt bereits die Zugehörigkeit der Koeffizienten zu einzelnen Quellen vermuten. Auf Grund der geringen Unterscheidbarkeit der Phasendifferenzen im niedrigen Frequenzbereich ist für $f < 1\,\mathrm{kHz}$ augenscheinlich keine Sprecherzugehörigkeit erkennbar. Für höhere Frequenzen lassen sich die einzelnen Quellen bereits in dieser Darstellung identifizieren. Der frequenzabhängige, annähernd lineare Verlauf der Phasenwerte resultiert in den drei unterschiedlichen Farbverläufen (blau $\rightarrow$ rot, hellblau, orange).

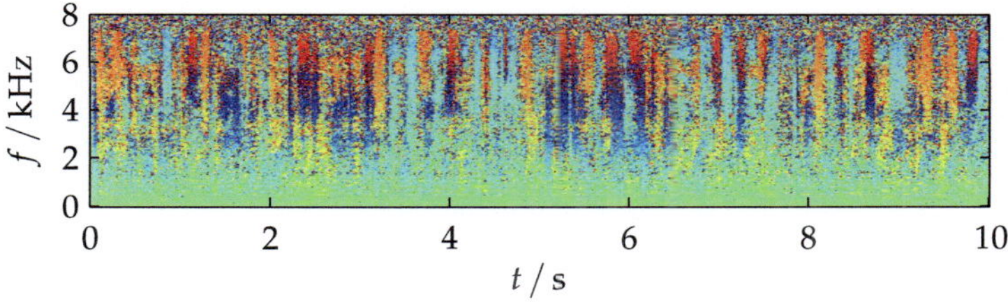

Abbildung 4.15.   Phasendifferenz zwischen den Koeffizienten des rechten und linken Sensorsignals. Die Werte liegen zwischen $-\pi$ (blau) und π (rot).

Die separate Auswertung der Phasendifferenzen in jedem Frequenzband liefert die Frequenz-Phasendifferenz-Darstellung. Durch Anwendung der modifizierten Radontransformation erfolgt die Schätzung der Einfallsrichtungen. Die ermittelten Geraden sind in Abbildung 4.16 (a) skizziert. Die zugrundeliegende Verteilung der Phasendifferenzen ist ebenfalls eingezeichnet. Anschließend werden die statistischen Kenngrößen in jedem Frequenzband ermittelt. Neben den Erwartungswerten der Phasendifferenzen (Abb. 4.16 (b)) liefert das Clusterverfahren auch die Varianzen und Zugehörigkeitswerte.

Diese Informationen können im nächsten Schritt zur Bestimmung der Masken verwendet werden. Mit Hilfe der wahrscheinlichkeitsbasierten Zuweisung lassen sich die relativen Anteile der Koeffizienten im Zeit-Frequenz-Bereich ermitteln. Die Werte liegen zwischen 0 und 1. Die resultierende Maske für einen Sprecher ist in Abbildung 4.17 dargestellt.

Durch Multiplikation der Koeffizienten der beiden Sensorsignale im Zeit-Frequenz-Bereich mit den korrespondierenden Elementen der Masken erfolgt eine Schätzung der ursprünglichen Signale an den Sensoren.

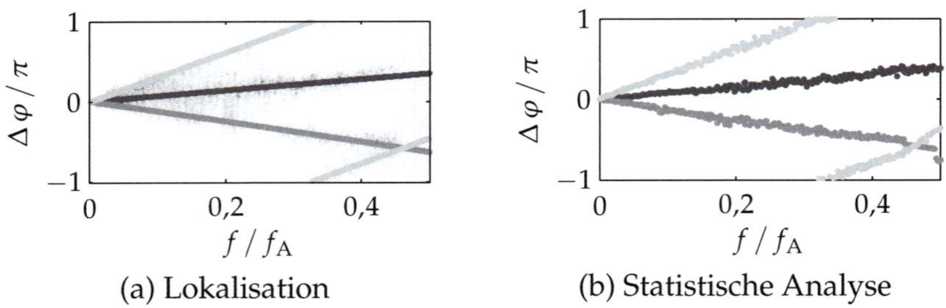

(a) Lokalisation   (b) Statistische Analyse

Abbildung 4.16. Darstellung der Resultate weiterer Verarbeitungsschritte in der Frequenz-Phasendifferenz-Darstellung.

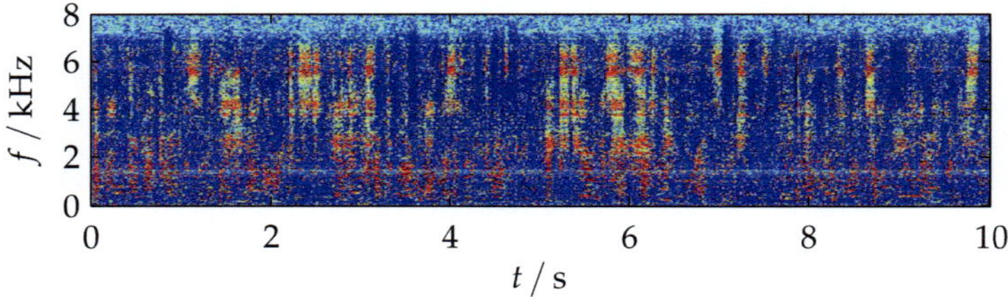

Abbildung 4.17. Maske zur Rekonstruktion des ursprünglichen Signals für einen Sprecher. Die Werte sind zwischen 0 (blau) und 1 (rot) verteilt.

Die resultierende Zeit-Frequenz-Darstellung bei Verwendung der eben skizzierten Maske ist in Abbildung 4.18 angegeben. Die Unterschiede zum Sensorsignal (Abb. 4.14) sind klar erkennbar.

Für eine erste qualitative Bewertung der Ergebnisse kann ein Vergleich mit dem Originalsignal in Abbildung 4.19 erfolgen. Obwohl nicht alle Koeffizienten korrekt rekonstruiert werden, ist eine ähnliche Struktur der Zeit-Frequenz-Darstellungen erkennbar. Der kontinuierliche Verlauf der einzelnen Koeffizienten über der Zeit ist nur im Originalsignal deutlich sichtbar, in der Rekonstruktion ist er häufig unterbrochen. Insbesondere für den Frequenzbereich $f < 300\,\mathrm{Hz}$ sind deutliche Schwächen bei der Rekonstruktion erkennbar. Die wahren Werte werden schlecht geschätzt. Der Grund liegt in der eingeschränkten Separierbarkeit in diesem Bereich.

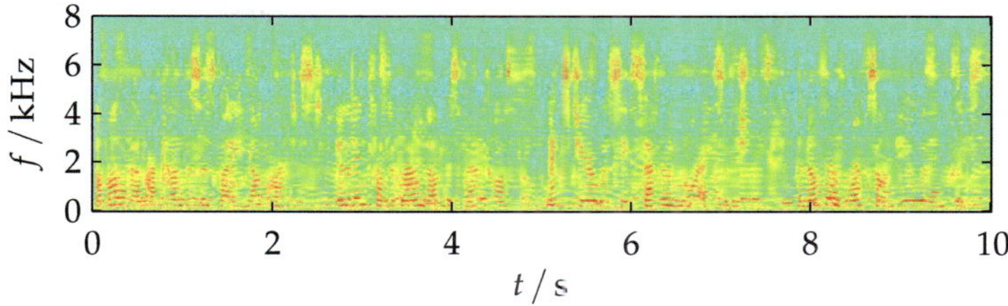

Abbildung 4.18. Ergebnis der Rekonstruktion für einen Sprecher im Zeit-Frequenz-Bereich.

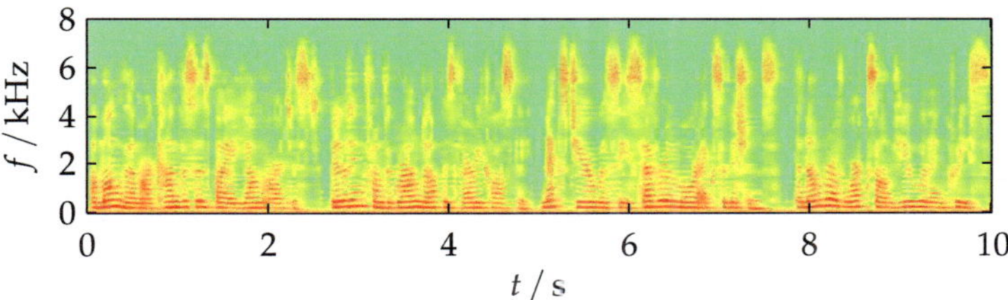

Abbildung 4.19. Zeit-Frequenz-Darstellung des korrespondierenden Originalsignals.

Schwächen des Verfahrens

Dieses Beispiel zeigt einzelne Nachteile des Verfahrens. Die geringe Unterscheidbarkeit der Phasendifferenzen im niedrigen Frequenzbereich oder die Unterbrechungen in der Zeit-Frequenz-Darstellung des rekonstruierten Signals führen zu einer Verfälschung der Signale. Die Fehler resultieren unter anderem aus der separaten Rekonstruktion der einzelnen Koeffizienten. Um diese Schwachstellen zu beheben, werden im folgenden Unterkapitel verschiedene Ansätze diskutiert.

4.2.2. Koeffizientenübergreifende Rekonstruktion

Die Rekonstruktion im Rahmen des in Abschnitt 4.2.1 präsentierten Verfahrens erfolgt jeweils für die einzelnen Koeffizienten im Zeit-Frequenz-Bereich. Diese Vorgehensweise berücksichtigt jedoch nicht die Zusammenhänge zwischen benachbarten Koeffizienten bei Sprachsignalen, wie z. B. in Abb. 4.19 ersichtlich. Die konkreten Umsetzungen der in Kap. 4.1.4

vorgestellten Lösungsansätze und die relevanten Erweiterungen des Basisalgorithmus werden im Folgenden vorgestellt. Innerhalb des Basisalgorithmus erfolgt jeweils nur eine Modifikation des Rekonstruktionsschrittes. Dementsprechend wird ausschließlich dieser Verarbeitungsblock diskutiert und exemplarisch die Anpassung der *wahrscheinlichkeitsbasierten Zuweisung* dargestellt.

Sprecherwahrscheinlichkeit in einem Zeitschritt

Die spärliche Verteilung der Koeffizienten über die Frequenzen ist die Basis für das vorgestellte Separationsverfahren. Die Strukur der Verteilung ist auch auf die unterschiedlichen Aktivitäten der Sprecher über die Zeit zurückzuführen. Es bietet sich an, die Sprecheraktivitäten in einem Zeitschritt zu ermitteln und zur Verbesserung der Rekonstruktion zu nutzen.

Prinzipiell können die nach Gl. 4.7 ermittelten Wahrscheinlichkeiten $P_i(m)$ genutzt werden, um Fehlzuweisungen insbesondere im niedrigen Frequenzbereich zu reduzieren. Eine Einschränkung ist jedoch notwendig. Die Berücksichtigung aller Frequenzen pro Zeitschritt ist auf Grund der unterschiedlichen Frequenzcharakteristiken der Phoneme nicht sinnvoll. Eine Erklärung kann anhand der Zeit-Frequenz-Darstellung des Sprachsignals (Abb. 4.19) erfolgen. Die Wahrscheinlichkeit hoher Koeffizienten im niedrigen Frequenzbereich ist besonders hoch, wenn im Bereich bis 3 kHz ebenfalls signifikante Amplitudenwerte auftreten (z. B. bei Vokalen). Zischlaute ('sch') besitzen vor allem bei hohen Frequenzen wesentliche Anteile. Eine Berücksichtigung des entsprechenden Frequenzbereichs zur Schätzung der Wahrscheinlichkeit würde zu fehlerhaften Ergebnissen führen. Ratsam ist aus diesem Grund die Auswahl eines bestimmten Frequenzbereiches zur Ermittlung der Wahrscheinlichkeit. Eine Korrektur erfolgt in diesem Fall nur für niedrige Frequenzen.

Rekonstruktion

Wahrscheinlichkeitsbasierte Zuweisung
Die Bestimmung der Koeffizientenwahrscheinlichkeiten erfolgt entsprechend der Beschreibung des Basisalgorithmus mit Gl. 4.9:

$$P_i(\Delta\varphi_C(m,k)) = c_i(k) \cdot P\left(\Delta\varphi_C(m,k)|\Delta\varphi_i(k), \sigma_i(k)\right).$$

Aus den Wahrscheinlichkeitswerten wird (vgl. Gl. 4.7) die Sprecherwahrscheinlichkeit in einem Zeitschritt ermittelt. Die Frequenzcharakteristik der einzelnen Phoneme wird durch die Einschränkung auf den Frequenzbereich $k^{TS} \in$

$[k_A^{\mathrm{TS}}, k_B^{\mathrm{TS}}]$ berücksichtigt. Die Wahl der Grenzen erfolgt empirisch. Es ergibt sich:

$$P_i(m) = \frac{\sum_{k^{\mathrm{TS}}} P(\Delta\,\varphi_C(m,k)|\Delta\,\varphi_i(k), \sigma_i(k))}{\sum_i \sum_{k^{\mathrm{TS}}} P(\Delta\,\varphi_C(m,k)|\Delta\,\varphi_i(k), \sigma_i(k))}.$$

Diese zusätzliche Kenngröße wird zur Anpassung der Wahrscheinlichkeiten $P_i(\Delta\,\varphi_C(m,k))$ verwendet. Eine einfache Möglichkeit ist die Multiplikation der Werte in einem Zeitschritt mit den Wahrscheinlichkeitswerten im unteren Frequenzbereich (bis zum k_C-ten Frequenzband) entsprechend

$$P_i^{\mathrm{TS}}(\Delta\,\varphi_C(m,k)) = \begin{cases} P_i(\Delta\,\varphi_C(m,k)) \cdot P_i(m) & \text{für } \quad k \in [1,k_C] \\ P_i(\Delta\,\varphi_C(m,k)) & \text{sonst} \end{cases}.$$

Die Berechnung der Masken

$$M_i(m,k) = \frac{P_i^{\mathrm{TS}}(\Delta\,\varphi_C(m,k))}{\sum_{i=1}^{M} P_i^{\mathrm{TS}}(\Delta\,\varphi_C(m,k))}$$

und die Schätzung der Originalsignale für beide Sensorsignale $X_j(m,k)$

$$\hat{S}_{ji}(m,k) = M_i(m,k)\, X_j(m,k), \quad \forall\, m,k.$$

sind identisch zum Basisalgorithmus.

Dieser Ansatz stellt eine einfache Möglichkeit zur Korrektur von Zuordnungsfehlern dar und kann ohne zusätzlichen Aufwand realisiert werden. Eine qualitative Bewertung folgt in Kapitel 5.

Berücksichtigung mehrerer Zeitschritte

Neben den Abhängigkeiten in einem Zeitschritt ist bei Sprachsignalen ein kontinuierlicher Verlauf der Koeffizienten insbesondere bei niedrigen Frequenzen über mehrere Zeitschritte hinweg zu beobachten (Abb. 4.19). Die Grundfrequenz und deren Harmonische ändern sich nicht schlagartig, sondern kontinuierlich. Leichte Schwankungen der Grundfrequenz entstehen durch unterschiedlich starke Anspannung der Stimmbänder. Diese Eigenschaften bieten eine weitere Möglichkeit, Fehlzuweisungen während der Rekonstruktion zu korrigieren. Zur Verdeutlichung sind die Koeffizienten der Zeit-Frequenz-Darstellungen des ursprünglichen und des rekonstruierten Signals in Abbildung 4.20 dargestellt. Im linken Bild ist der kontinuierliche Verlauf der dominanten Frequenzen erkennbar. Das rekonstruierte Signal enthält auf Grund der separaten Rekonstruktion der Koeffizienten Unterbrechungen im Verlauf. Durch Berücksichti-

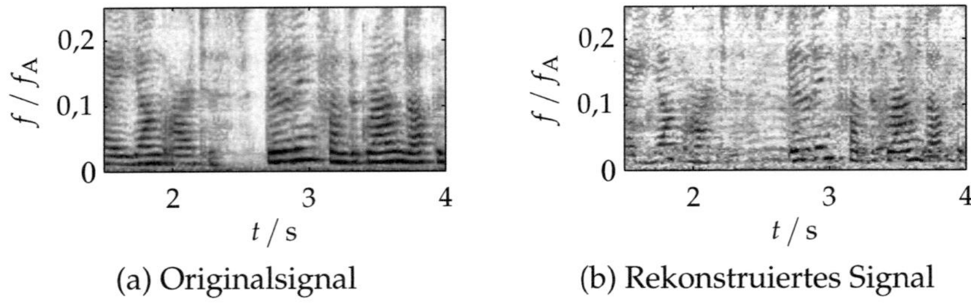

(a) Originalsignal   (b) Rekonstruiertes Signal

Abbildung 4.20. Vergleich der Zeit-Frequenz-Darstellungen zweier Sprachsignale bei niedrigen Frequenzen.

gung benachbarter Werte könnte eine Verbesserung des Rekonstruktionergebnisses erzielt werden. Dies führt zu einer Glättung der Verläufe. Bei der Ermittlung der neuen Wahrscheinlichkeiten werden ältere Werte mit einem Vergessensfaktor skaliert, um Abhängigkeiten zu beschränken. Eine Beschreibung der Implementierung bei ausschließlicher Berücksichtigung vorhergehender Zeitschritte ist im Folgenden angegeben.

Rekonstruktion

Wahrscheinlichkeitsbasierte Zuweisung
Die Bestimmung der Koeffizientenwahrscheinlichkeiten erfolgt entsprechend der Beschreibung des Basisalgorithmus mit Gl. 4.9:

$$P_i(\Delta \varphi_C(m,k)) = c_i(k) \cdot P\left(\Delta \varphi_C(m,k) | \Delta \varphi_i(k), \sigma_i(k)\right).$$

Aus den Wahrscheinlichkeiten wird der modifizierte Koeffizient in Abhängigkeit der N_V vorhergehenden Werte ermittelt:

$$P_i^V(\Delta \varphi_C(m,k)) = \sum_{n_v=0}^{N_V} P_i(\Delta \varphi_C(m - n_v,k)) \cdot \beta^{n_v}. \tag{4.10}$$

Der Vergessensfaktor β und die Länge N_V können frei gewählt werden. Die Berechnung der Masken

$$M_i(m,k) = \frac{P_i^V(\Delta \varphi_C(m,k))}{\sum_{i=1}^{M} P_i^V(\Delta \varphi_C(m,k))}$$

und die Schätzung der Originalsignale

$$\hat{S}_{ji}(m,k) = M_i(m,k)\, X_j(m,k), \quad \forall\, m,k.$$

sind identisch zum Basisalgorithmus.

Um die Schwankungen der Grundfrequenz zu berücksichtigen, wäre es unter Umständen sinnvoll, benachbarte Frequenzen einzubeziehen. Dieser erweiterte Ansatz soll im Rahmen der Arbeit nicht mehr betrachtet werden.

Ermittlung der Periodizität

Die periodischen Strukturen im Frequenzbereich sind typisch für die menschliche Sprache. Die Kenntnis der Periodendauer und der Signalcharakteristik in jedem Zeitschritt könnte zur Verbesserung der Rekonstruktionsergebnisse verwendet werden. Das in Abschnitt 3.3.3 vorgestellte Verfahren ist prinzipiell zur Ermittlung der regelmäßigen Strukturen im Frequenzbereich geeignet. Bei der Separation stehen jedoch nicht die Quellsignale, sondern nur die fehlerbehafteten Rekonstruktionsergebnisse zur Verfügung (Abb. 4.20, Rekonstruktion mit dem Basisalgorithmus). Eine Verbesserung kann nur erzielt werden, wenn die Periodizitätsschätzung für das Originalsignal und das rekonstruierte Signal ähnliche Ergebnisse liefert, insbesondere bei der Ermittlung der Periodendauer. Die Resultate der Schätzung für die beiden referenzierten Signale sind in Abbildung 4.21 dargestellt. Die periodische Struktur des Original-

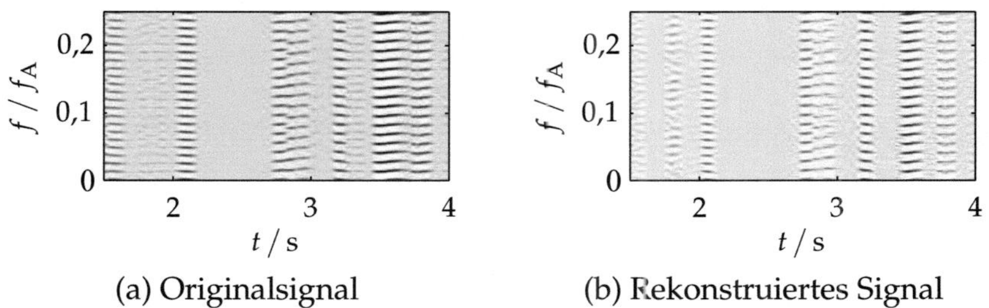

(a) Originalsignal   (b) Rekonstruiertes Signal

Abbildung 4.21. Detektion der Periodizität in jedem Zeitschritt.

signals wird zu großen Teilen auch im rekonstruierten Signal detektiert, und die Periodendauern stimmen überein. Somit kann diese Information zur Verfeinerung der Schätzung der ursprünglichen Signale genutzt werden.

Die Integration des Verfahrens in den Algorithmus ist etwas aufwendiger als die Berücksichtigung vorhergehender Zeitschritte. Das Diagramm in Abbildung 4.22 enthält einen zusätzlichen Block zur Periodizitätsschätzung (LSPE). Nach der Rekonstruktion wird für die erste Schätzung in jedem Zeitschritt die 'least-squares periodicity estimation' durchgeführt. Die ermittelten Kenngrößen werden in einem zweiten Rekonstruktionsschritt zur Verbesserung der Resultate verwendet. Eine genaue Vorge-

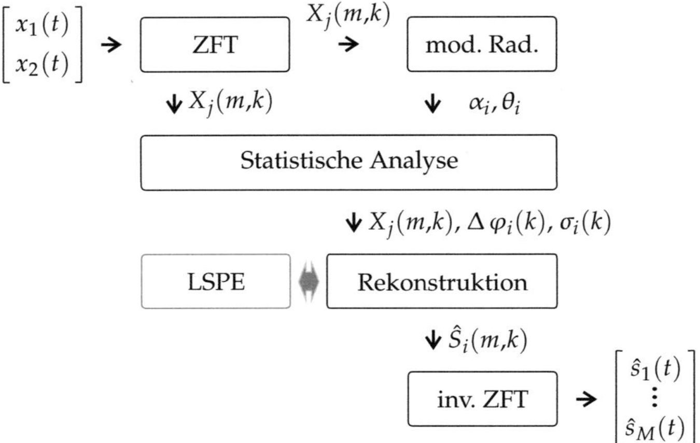

Abbildung 4.22. Erweiterter Ansatz zur Separation unter Verwendung der Periodizitätsschätzung.

hensbeschreibung für die angepasste Rekonstruktion ist nachfolgend aufgeführt.

Rekonstruktion (Teil 1)

Wahrscheinlichkeitsbasierte Zuweisung
Die erste Schätzung der Originalsignale wird analog zur Beschreibung in Abschnitt 4.2.1 ermittelt:

$$\hat{S}_{ji}(m,k) = M_i(m,k)\, X_j(m,k) \quad \forall\, m,k.$$

Prinzipiell sind zur Bestimmung der Maske natürlich auch die anderen Ansätze möglich.

LSPE

Zur Ermittlung der periodischen Struktur werden die rekonstruierten Signale entsprechend Kap. 3.3.3 angepasst. Die Berechnung von

$$\mathrm{per}_i(m,k) = \log_{10}\left(|\hat{S}_{ji}(m,k)| + 1\right) \quad \forall\, i$$

ist nur für die Werte an einem Sensor ($j = 1$) notwendig. Das Signalmodell in einem Zeitschritt m wird zu

$$\mathrm{per}_i(m,k) = \mathrm{per}_i^0(m,k) + N(m,k), \quad k = 1, \ldots, N,$$

festgelegt, wobei $N(m,k)$ den nichtperiodischen Anteil beschreibt. Durch Anwendung der 'least-squares periodicity estimation' lassen sich die wahrscheinlichste Periodendauer $\hat{P}_0$ in Samples, ein normiertes Maß $R_1(\hat{P}_0)$, welches die Ausprägung der periodischen Struktur beschreibt, und die zugehörige Musterfunktion $\hat{\mathrm{per}}_i^0$ ermitteln. Damit kann eine 'Wahrscheinlichkeit' in Abhängigkeit der Periodizität angegeben werden:

$$P_{\mathrm{per},i}(m,k) = R_1(\hat{P}_0) \cdot \hat{\mathrm{per}}_i^0(m,k) + \gamma \cdot (1 - R_1(\hat{P}_0)).$$

Durch den Faktor γ wird das Verhältnis von periodischem und konstantem Anteil bestimmt.

Rekonstruktion (Teil 2)

Die Resultate der Periodizitätschätzung können zur Verbesserung der Schätzergebnisse verwendet werden. Die im ersten Teil ermittelten Wahrscheinlichkeiten werden entsprechend

$$P_i^{\mathrm{P}}(\Delta\,\varphi_{\mathrm{C}}(m,k)) = P_i(\Delta\,\varphi_{\mathrm{C}}(m,k)) \cdot P_{\mathrm{per},i}(m,k)$$

gewichtet. Anschließend werden die Masken

$$M_i(m,k) = \frac{P_i^{\mathrm{P}}(\Delta\,\varphi_{\mathrm{C}}(m,k))}{\sum_{i=1}^{M} P_i^{\mathrm{P}}(\Delta\,\varphi_{\mathrm{C}}(m,k))}$$

und die Originalsignale

$$\hat{S}_{ji}(m,k) = M_i(m,k)\,X_j(m,k) \quad \forall\,m,k$$

ermittelt.

4.2.3. Dynamischer Algorithmus

Für die vorgestellten Verfahren erfolgt die Verarbeitung der Signale blockweise. Die Rekonstruktionsergebnisse liegen somit erst nach der vollständigen Aufnahme des Signals und der Trennung vor. Bei einer Signaldauer von 10 s ist für die aktuellen Implementierungen mindestens eine Verzögerung von ca. 13 s zu erwarten. Im Hinblick auf den Einsatz derartiger Verfahren in realen Anwendungen ist nur ein minimaler Zeitversatz gewünscht. In diesem Abschnitt werden zwei Verfahren vorgestellt, die eine Realisierung der Trennung mit deutlich geringerer Verzögerung ermöglichen sollen. Der Ansatz erlaubt ebenfalls eine Behandlung dynamischer Szenarien.

Prinzipiell weich das Konzept nicht von den vorgestellten Methoden ab. Die einzelnen Verarbeitungsschritte sind nahezu identisch, nur die Ausführung unterscheidet sich. Bei den bisherigen Verfahren liegt das Augenmerk in erster Linie auf der Separation. Aus diesem Grund werden die Verarbeitungsschritte jeweils für das ganze Signal durchgeführt. Somit stehen für die Laufzeitschätzung und die statistische Analyse eine große Anzahl an Messwerten zur Verfügung, was zu verbesserten Resultaten in den einzelnen Schritten führt. Ein dynamischeres Verfahren soll jedoch auf Änderungen der Umgebungsbedingungen reagieren können und die Separationsergebnisse möglichst zeitnah zur Verfügung stellen.

Zwei entsprechende Ansätze werden im Rahmen der Arbeit umgesetzt. Die Ablaufdiagramme sind in Abbildung 4.23 skizziert. Auf Grund der unmittelbaren Verarbeitung der Signale kann die Zeit-Frequenz-Transformation faktisch durch eine Fourier-Transformation ersetzt werden. Sobald in Abhängigkeit der Fensterlänge genügend Abtastwerte vorliegen, erfolgt die Transformation dieses Blocks in den Frequenzbereich. Das resultierende Signal (Zeitschritt m) wird sofort verarbeitet. Im linken Blockdiagramm ist der Ablauf für ein Verfahren ohne statistische Analyse abgebildet. Die Rekonstruktion erfolgt ausschließlich auf der Basis der Richtungsschätzung. Die Einfallsrichtung wird alle k_1 Zeitschritte ermittelt. Für realistische Werte $k_1 = 5 \ldots 10$ sind hohe Aktualisierungsraten und somit der Einsatz in dynamischen Szenarien möglich. Alternativ ist in der rechten Bildhäfte ein Verfahren skizziert, das einen Mittelweg zwischen der ursprünglichen Vorgehensweise und dem eben vorgestellten Verfahren beschreibt. Die statistische Analyse benötigt mehr Messwerte für eine aussagekräftige Schätzung, es können aber bessere Parameter für die Separation ermittelt werden. Die genaueren Schätzergebnisse werden somit durch eine eingeschränkte Dynamik erkauft ($k_2 = 100$). Für niedrige Werte $k_1 = 5 \ldots 10$ kann aus der Richtungsschätzung zeitnah auf Änderungen der Umgebungsbedingungen geschlossen werden.

Eine reine Richtungsschätzung ist zur Verfolgung von Objekten nicht ausreichend. Die ermittelten Einfallsrichtungen müssen den spezifischen Sprechern zugeordnet werden, damit bei der Rekonstruktion die Signa-

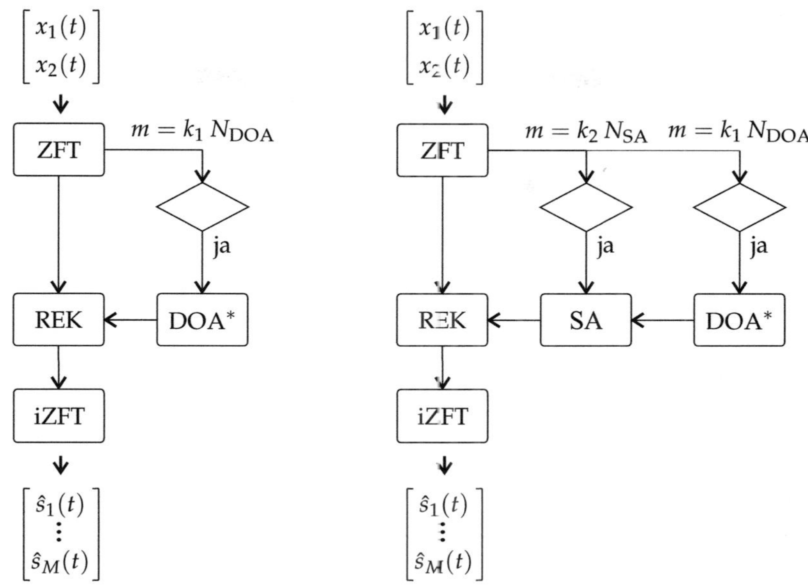

Abbildung 4.23. Zwei Ansätze zur dynamischen Rekonstruktion der Signale.

le nicht vermischt werden. Im Rahmen der Arbeit wurde eine einfache Sprecherzuweisung in Anlehnung an [7] implementiert. Entsprechend ist der Verarbeitungsblock durch * gekennzeichnet.

5. Simulation und Resultate

Die vorgestellten Verfahren sollen im Folgenden gemeinsam evaluiert werden. Vor der Durchführung der Simulationen erfolgen zunächst die Darstellung relevanter Bewertungsverfahren und eine Beschreibung der betrachteten Szenarien. Im Rahmen der Experimente wird unter anderem der Einfluss signifikanter Parameter auf einzelne Methoden untersucht, die unterschiedlichen Alternativen innerhalb eines Verarbeitungsschrittes verglichen und die erweiterten Konzepte analysiert. Abschließend erfolgt ein Vergleich mit einem anderen Verfahren.

5.1. Methoden zur Bewertung und Evaluation

Die Evaluation von Sprachsignalen ist nicht immer einfach, denn für eine vollständige Bewertung der Signale ist theoretisch eine Analyse der subjektiven und objektiven Qualität notwendig. Die subjektive Evaluation erfolgt meist mit Hilfe von Hörversuchen, die unter definierten Rahmenbedingungen durchgeführt werden müssen und somit sehr zeitaufwendig sind [46]. Zur Bewertung der Ergebnisse wird häufig der *Mean Opinion Score* verwendet, der in der Telekommunikationstechnik zur Beurteilung der Sprachqualität genutzt wird [15]. In den letzten Jahren wurden verschiedene Verfahren vorgeschlagen, um die subjektive Qualität der Signale abzuschätzen. Ein Beispiel ist das PESQ-Verfahren[1] ('perceptual evaluation of speech quality'), welches als Standardverfahren der International Telecommunication Union (ITU) verwendet wird. Zur objektiven Bewertung von Sprachsignalen bietet sich z. B. das Signal-zu-Rausch-Verhältnis an [102].

Auch für die Analyse der Separationsalgorithmen ist es wünschenswert, sowohl eine objektive als auch eine subjektive Bewertung der Signale zu erhalten. Im Rahmen dieser Arbeit wird ein Verfahren verwendet, das von Vincent et al. [99] im Jahr 2006 für die Bewertung von Methoden zur Quellentrennung veröffentlicht wurde. Dieser Ansatz, bzw.

---

[1]http://www.pesq.org/

dessen Erweiterungen [38, 100], wurden im Rahmen von drei umfangreichen Evaluationskampagnen im Bereich der Quellentrennung[23] zur Bewertung der eingereichten Ergebnisse verwendet. In der Arbeit von Emiya et al. [38] wurde des Weiteren ein Qualitätsmaß implementiert, welches wahrnehmungspsychologische Aspekte bei der Bewertung berücksichtigt.

Die Verwendung dieses Ansatzes hat zwei entscheidende Vorteile:

- Die Resultate werden durch einen Vergleich von Quell- und Zielsignal ermittelt, wodurch eine einfache Evaluation der Signale möglich ist.

- Durch die Verwendung im Rahmen der Evaluationskampagnen hat die Methode einen hohen Bekanntsheitgrad und stellt sozusagen das Standardverfahren zur Evaluation auf dem Gebiet der Quellentrennung dar.

Vergleichssignal

Die Evaluation erfolgt durch einen Vergleich des rekonstruierten Signals mit den Quellsignalen an den Sensoren ($j = 1,2$), die durch

$$s_{ji}(t) = a_{ji}(t) * s_i(t)$$

ermittelt werden. Die Verwendung der Quellsignale $s_i(t)$ als Referenz wäre nicht sinnvoll, da ausschließlich eine Separation der Signale und keine Hallunterdrückung durchgeführt wird.

Objektive Kriterien

Die grundlegende Idee des Verfahrens ist die Zerlegung des rekonstruierten Signals $\hat{s}_{ji}(t)$ in Signal- und Störanteile:

$$\hat{s}_{ji}(t) = s_{ji}(t) + e_{ji}^{\text{spat}}(t) + e_{ij}^{\text{interf}}(t) + e_{ij}^{\text{artif}}(t). \tag{5.1}$$

Neben dem ursprünglichen Signal $s_{ji}(t)$ sind Fehlerkomponenten ($e_{ji}^{\text{x}}(t)$) enthalten, welche die räumliche Verzerrung (spat), den Anteil anderer

---

[2]http://www.irisa.fr/metiss/SASSEC07/
[3]http://sisec2008.wiki.irisa.fr/, http://sisec2010.wiki.irisa.fr

Sprachsignale (interf) und durch die Rekonstruktion entstandene Artefakte (artif) beschreiben.

Die Komponenten werden durch eine 'Least-squares'-Projektion auf orthogonale Unterräume ermittelt. Entsprechend [100] ergibt sich

$$e_{ji}^{\text{spat}}(t) = P_i^L(\hat{s}_{ji})(t) - s_{ji}(t) \tag{5.2}$$

$$e_{ji}^{\text{interf}}(t) = P_{\text{all}}^L(\hat{s}_{ji})(t) - P_i^L(\hat{s}_{ji})(t) \tag{5.3}$$

$$e_{ji}^{\text{artif}}(t) = \hat{s}_{ji}(t) - P_{\text{all}}^L(\hat{s}_{ji})(t) \tag{5.4}$$

wobei P_i^L die Projektion auf den durch

$$s_{jk}(t - \tau) \quad 1 \leq k \leq I, \; 0 \leq \tau \leq L - 1$$

aufgespannten Unterraum darstellt. Der Unterraum für P_{all}^L wird durch

$$s_{lk}(t - \tau) \quad 1 \leq k \leq I, \; 1 \leq l \leq J, \; 0 \leq \tau \leq L - 1$$

definiert und die maximale Länge L zu 512 Abtastwerten festgelegt. Eine genaue Erklärung der Vorgehensweise ist in [99] zu finden. Auf der Basis der Zerlegung werden Kriterien definiert, die den Anteil an räumlicher Verzerrung, Interferenz und Artefakten in Dezibel angeben. Die englischen Bezeichnungen lauten 'source Image to Spatial distortion Ratio' (ISR), 'Source to Interference Ratio' (SIR) und 'Sources to Artifacts Ratio' (SAR). Die Kenngrößen sind durch

$$ISR_i = 10 \log_{10} \frac{\sum_{j=1}^{2} \sum_t s_{ji}(t)^2}{\sum_{j=1}^{2} \sum_t e_{ji}^{\text{spat}}(t)^2} \tag{5.5}$$

$$SIR_i = 10 \log_{10} \frac{\sum_{j=1}^{2} \sum_t \left(s_{ji}(t) + e_{ji}^{\text{spat}}(t)\right)^2}{\sum_{j=1}^{2} \sum_t e_{ji}^{\text{interf}}(t)^2} \tag{5.6}$$

$$SAR_i = 10 \log_{10} \frac{\sum_{j=1}^{2} \sum_t \left(s_{ji}(t) + e_{ji}^{\text{spat}}(t) + e_{ji}^{\text{interf}}(t)\right)^2}{\sum_{j=1}^{2} \sum_t e_{ji}^{\text{artif}}(t)^2} \tag{5.7}$$

definiert. Der absolute Fehler kann durch das 'Signal to Distortion Ratio' (SDR) angegeben werden:

$$SDR_i = 10 \log_{10} \frac{\sum_{j=1}^{2} \sum_t s_{ji}(t)^2}{\sum_{j=1}^{2} \sum_t \left(e_{ji}^{\text{spat}}(t) + e_{ji}^{\text{interf}}(t) + e_{ji}^{\text{artif}}(t)\right)^2} \tag{5.8}$$

Das SDR wird durch gleichmäßige Berücksichtigung der vorgestellten Fehlerkomponenten berechnet. Für eine anwendungsspezifische Evaluation sollten die Komponenten entsprechend gewichtet werden (Artefakte wirken z. B. bei Hörhilfen sehr störend). Eine vektorielle Darstellung der Bestandteile ist in Abbildung 5.1 angegeben[4].

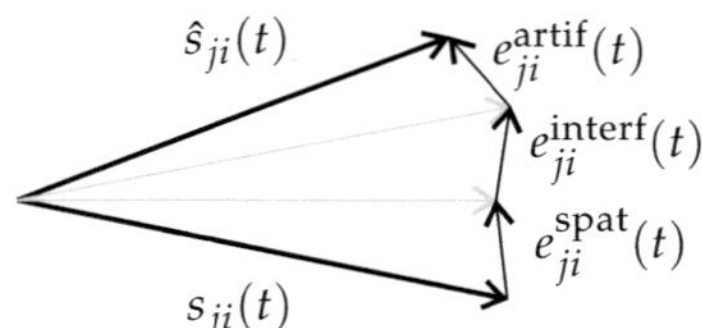

Abbildung 5.1. Zusammenhang der Signal- und Fehlerkomponenten für die Definition objektiver Bewertungskriterien.

Diese Kenngrößen wurden zur Bewertung bei allen drei Evaluierungskampagnen verwendet. Die Ergebnisse sind in [99], [100] und [12] veröffentlicht und auch auf den referenzierten Internetseiten abrufbar.

Bewertung des subjektiven Empfindens

Um eine Aussage über die subjektive Qualität der Signale nach der Quellentrennung treffen zu können, wurde von Emiya et al. [38] ein Verfahren entwickelt, welches das subjektive Empfinden nachbildet. Das Signal wird entsprechend Gl. 5.1 ebenfalls in vier Komponenten zerlegt. Die Vorgehensweise orientiert sich an [99], es kommt aber eine verbesserte Umsetzung der Methode zum Einsatz. Das Signal wird erst nach einer Transformation in den Zeit-Frequenz-Bereich durch Projektion auf die entsprechenden Unterräume zerlegt und anschließend im Zeitbereich rekonstruiert. Unter Verwendung der eben vorgestellten Gleichungen können die Werte für ISR, SIR, SAR und SDR für die neuartige Zerlegung ermittelt werden. Ein Vergleich der beiden Berechnungsmethoden [38] zeigt geringfügige Unterschiede. Die neue Projektionsmethode liefert eine bessere Zerlegung des rekonstruierten Signals, insbesondere die Artefakte werden genauer ermittelt.

Unabhängig von der Berechnungsmethode lassen die Energieverhältnisse nicht auf die menschliche Wahrnehmung schließen. Zum Beispiel werden niedrige Frequenzen lauter oder geringe Amplituden auf Grund

---

[4]http://www.irisa.fr/metiss/SASSEC07/?show=criteria

des Verdeckungseffektes unter Umständen nicht wahrgenommen. Zur Berücksichtigung dieser Einflüsse wurde ein Verfahren entwickelt, das die zerlegten Signalkomponenten anhand einer auditiven, modellbasierten Metrik bewertet. Die einzelnen Ergebnisse werden mit Hilfe einer nichtlinearen Abbildung kombiniert. Es werden vier Kenngrößen ermittelt, die eine Abschätzung der subjektiven Qualität der Signale ermöglichen: der 'Overall Perceptual Score' (OPS), der 'Target-related Perceptual Score' (TPS), der 'Interference-related Perceptual Score' (IPS) und der 'Artifacts-related Perceptual Score' (APS).

Die Vorgehensweise zur Ermittlung der Kenngrößen soll im Folgenden kurz dargestellt werden, eine vollständige Beschreibung ist in [38] zu finden. Die einzelnen Schritte sind im Blockdiagramm in Abb. 5.2 skizziert. Mit Hilfe der PEMO-Q Methode [48], einem Verfahren zur Schätzung der Qualität von Audiosignalen, werden für das Originalsignal und drei Differenzsignale sogenannte 'perceptual salience measures'[5] ermittelt. Die Ausgangssignale q_{ji}^{x} liegen im Intervall $[-1, 1]$ und geben die Ähnlichkeit von Signalen unter Berücksichtigung wahrnehmungspsychologischer Aspekte an. Die nichtlineare Abbildung erfolgt mittels eines vorwärts gerichteten neuronalen Netzes.

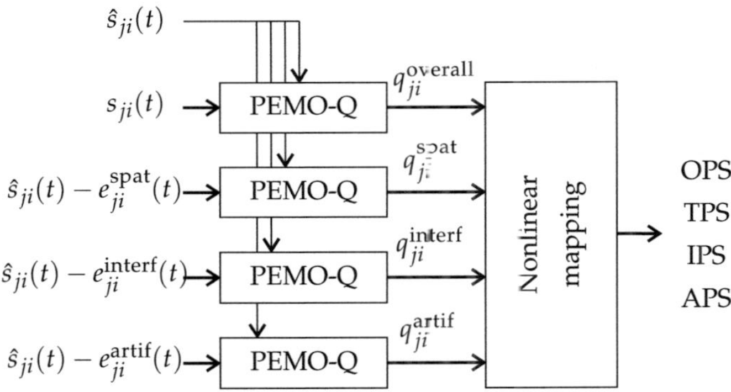

Abbildung 5.2. Darstellung der Vorgehensweise bei der Ermittlung wahrnehmungsspezifischer Kenngrößen.

Ein Vergleich mit anderen 'subjektiven' Kriterien zur Sprachsignalbe-

---

[5]'perceptual salience' (perzeptuelle Salienz) – Dieser Begriff bezeichnet Merkmale (hier: akustische Merkmale), die sich wahrnehmungsspezifisch von anderen Eigenschaften deutlich unterscheiden. Für eine genauere Beschreibung psychoakustischer Merkmale wird auf das Buch von Zwicker und Fastl [107] verwiesen.

wertung zeigt die Leistungsfähigkeit des Verfahrens [38].

5.2. Szenarien

Für eine aussagekräftige Evaluation der Verfahren ist die Auswahl der Testszenarien von besonderer Bedeutung. Um die wahre Leistungsfähigkeit von Algorithmen testen zu können, müssen die Signale ausreichend stark gestört sein. Für die Analyse von Separationsverfahren eignen sich z. B. Überlagerungen von Monologen mehrerer Sprecher in reflexionsbehafteter Umgebung. Im Rahmen der *Signal Separation Evaluation Campaign* wurden neben Testdaten auch zwei 'Development'-Datensätze (Datensatz A und B) zur Verfügung gestellt. Diese Daten eignen sich aus mehreren Gründen zur Evaluation:

- Neben den Mischsignalen stehen Referenzdaten (Originalsignal und Einzelsignale an den Sensoren) zur Evaluation der Ergebnisse zur Verfügung.

- Die Aufnahmebedingungen sind bekannt:
    - zwei verschiedene Nachhallzeiten: 130 ms und 250 ms
    - der Abstand zwischen Quelle und Sensor beträgt 1 m
    - minimaler Winkel zwischen den Quellen: 15 °

- Die Daten sind allgemein verfügbar und werden zur Evaluation von Separationsverfahren verwendet.

Aus den Quellsignalen an den Sensoren können zudem weitere Mischsignale generiert werden, wodurch bis zu 32 Testsignale zur Verfügung stehen. Eine ausführliche Beschreibung der Daten ist in Anhang B.1 zu finden.

Zusätzlich stehen noch eigene Aufnahmen zur Verfügung (siehe Anhang B.2).

5.3. Ergebnisse

Im folgenden Unterkapitel werden die Simulationsergebnisse vorgestellt und diskutiert. Um die unterschiedlichen Aspekte der Quellentrennung betrachten zu können, erfolgte eine Aufteilung in fünf Abschnitte. Die

Evaluation des Basisalgorithmus soll eine erste Einschätzung der Separationsqualität erlauben. Anhand der Ergebnisse werden zudem die verschiedenen Bewertungsmaße besprochen. Anschließend folgt ein Vergleich der unterschiedlichen Methoden zur Realisierung der separaten Verarbeitungsschritte. Der Einfluss benachbarter Koeffizienten im Zeit-Frequenz-Bereich wird im Abschnitt 'Koeffizientenübergreifende Rekonstruktion' diskutiert. Nachfolgend werden die Ergebnisse für die dynamischen Algorithmen erläutert. Mit einem Vergleich des Verfahrens mit den Arbeiten anderer Forschungsgruppen endet die Vorstellung der Ergebnisse.

Zur Bewertung der Verfahren finden die im Anhang B.1 beschriebenen Datensätze Verwendung. Die Signale aus dem Datensatz A mit jeweils drei Sprechern (Nachhallzeiten von 130 ms und 250 ms) werden bevorzugt eingesetzt.

5.3.1. Basisalgorithmus

Der Basisalgorithmus stellt die einfachste Implementierung des vorgestellten Konzeptes dar und soll dementsprechend als Erstes diskutiert werden. In diesem Kapitel stehen zwei Aspekte im Vordergrund. Zunächst soll neben der Besprechung der Resultate auch die konkrete Vorgehensweise bei der Evaluation beschrieben werden. Im zweiten Abschnitt folgt eine kurze Diskussion der unterschiedlichen Kenngrößen zur Bewertung.

Evaluation des Algorithmus

Vor der Anwendung des Verfahrens müssen die freien Parameter der einzelnen Verarbeitungsschritte definiert werden. Die Wahl der Werte in Tabelle 5.1 basiert auf subjektiven Eindrücken, und ist geeignet um einen ersten Überblick zu erhalten.

ZFT	STFT	Fenstergröße:	512 (32 ms)
		Fensterverschiebung:	256 (16 ms)
LOK	mod. Radon	Histogrammgröße:	128
STA	FZC		
REK	Wahrsch.	Verteilung:	Cauchy

Tabelle 5.1. Parameterwahl für den Basisalgorithmus.

Für eine aussagekräftige Evaluation wird der Separationsalgorithmus zur Trennung von jeweils 32 Testsignalen (Überlagerungen von drei Sprechern) für zwei verschiedene Nachhallzeiten verwendet. Die Mischsignale sind in den Datensätzen A3-130 und A3-250 (Anhang B.1) zusammengefasst. Für jedes rekonstruierte Signal lassen sich die in Abschnitt 5.1 vorgestellten Bewertungsmaße ermitteln. Die statistische Auswertung der Kenngrößen ermöglicht eine allgemeine Bewertung des Verfahrens.

Die Ergebnisse sind in den Abbildungen 5.3 ($RT_{60} = 130\,\mathrm{ms}$) und 5.4 ($RT_{60} = 250\,\mathrm{ms}$) dargestellt, die Werte für den Datensatz B3-130 in Anhang C.2 angegeben. Zur Veranschaulichung der Resultate kommen 'Box-Whisker-Plots' (Kastengrafiken) zum Einsatz. Die Box zeigt den Bereich der mittleren 50 % der Daten an, die durch das untere und obere Quartil begrenzt sind. Der Strich markiert den Median. Die Whisker veranschaulichen die Lage der restlichen Daten, sind aber auf eine maximale Länge des 1,5-fachen Interquartilabstandes (Höhe der Box) beschränkt. Liegen Messwerte außerhalb dieses Bereichs, so werden sie durch Punkte als Ausreißer gekennzeichnet. Diese Darstellung ermöglicht eine detaillierte Diskussion der Ergebnisse und ist aussagekräftiger als Mittelwert und Varianz. In den beiden Abbildungen werden die Kastengrafiken zur Darstellung der einzelnen Kenngrößen verwendet. Die Abbildungen sind folgendermaßen strukturiert: Auf der linken Seite sind jeweils die energiebasierten Bewertungsmaße angegeben. Für jeden Sprecher sind zwei Kastengrafiken eingezeichnet. Die dunkle Grafik zeigt die Kenngrößen, die anhand der ursprünglichen Zerlegung ermittelt werden. Die Werte für den hellen Plot basieren auf der modifizierten Zerlegung. Die rechte Spalte enthält die wahrnehmungsbasierten Kenngrößen.

Die Analyse und der Vergleich der Ergebnisse erlauben zwei grundsätzliche Schlussfolgerungen, die sich in allen Experimenten bestätigen:

1. Die Qualität der Ergebnisse ist für kürzere Nachhallzeiten höher. Mit wachsendem Anteil an Reflexionen verschlechtern sich die Separationsergebnisse, weil der Direktschall der einzelnen Quellen durch dominantere Reflexionen überlagert wird. Entsprechende Resultate sind auch bei [85] zu finden.

2. Die ermittelten Kenngrößen weisen starke Schwankungen auf. Auf Grund der festen Position der einzelnen Quellen kann somit auf einen deutlichen Einfluss der Sprachcharakteristik auf die Separationsergebnisse geschlossen werden.

Neben diesem allgemeinen Fazit liefern die Auswertungen noch weitere Informationen. Insbesondere bei den Kenngrößen zur allgemeinen Bewertung (SDR, OPS) und zur Interferenzunterdrückung (SIR, IPS) ergeben sich schlechtere Werte für den zweiten Sprecher. Unabhängig von der Zusammensetzung der Mischsignale befindet sich der zweite Sprecher immer zwischen den beiden anderen Quellen. Bei der Trennung der Signale werden diesem Sprecher insbesondere in dem niedrigen Frequenzbereich tendenziell zu viel Sprachanteile zugewiesen, was durch die Dominanz des mittleren Clusters in diesem Bereich erklärt werden kann (siehe Kap. 4.1.3). Durch die geänderte Reihenfolge der Lautsprecher für den Datensatz B geht die systematische Anordnung der Sprecher verloren und der signifikante Einbruch der Größen ist in den Resultaten nicht erkennbar. Die weiteren Kenngrößen, die einerseits rekonstruktionsabhängige Artefakte (SAR, APS) und andererseits räumliche Störungen (ISR, TPS) quantifizieren, zeigen ein entgegengesetztes Verhalten.

Vergleich der Kenngrößen

Die Verwendung und Angabe aller Kenngröße hat zwei Nachteile. Die Darstellung ist sehr unübersichtlich, und die Ermittlung der Bewertungsmaße, insbesondere der wahrnehmungsbasierten Kenngrößen, ist sehr zeit- und rechenaufwendig. Um im weiteren Verlauf die Ergebnisse kompakter darstellen zu können, ist es sinnvoll, nur einen Teil der Bewertungsmaße zu verwenden. Die Ähnlichkeiten des SDR und SIR für die unterschiedlichen Konzepte zur Signalzerlegung wurden bereits von Emiya et al. [38] gezeigt und sind auch in den beiden Abbildungen 5.3 und 5.4 deutlich erkennbar. Die wahrnehmungsbasierten Kenngrößen spiegeln die Eindrücke aus einzelnen Hörversuchen wider und sind prinzipiell gut geeignet, um den menschlichen Eindruck zu beschreiben. Die Kenngrößen werden allerdings auf der Basis der Signalzerlegung ermittelt, die auch für die Bestimmung der objektiven Größen die Grundlage bildet. Dementsprechend zeigen sich ähnliche Tendenzen in den Ergebnissen.

Auf Grund der hohen Rechenzeit wird für die folgenden Versuche auf die Ermittlung der wahrnehmungspezifischen Werte verzichtet. Für die Berechnung der objektiven Größen stehen zwei Verfahren zur Verfügung. Obwohl laut Emiya et al. die modifizierte Zerlegung genauere Ergebnisse liefert, wird das ursprüngliche Verfahren [99] verwendet. Zwei Gründe sind hierfür entscheidend. Auf Grund der starken Ähnlichkeit der bei-

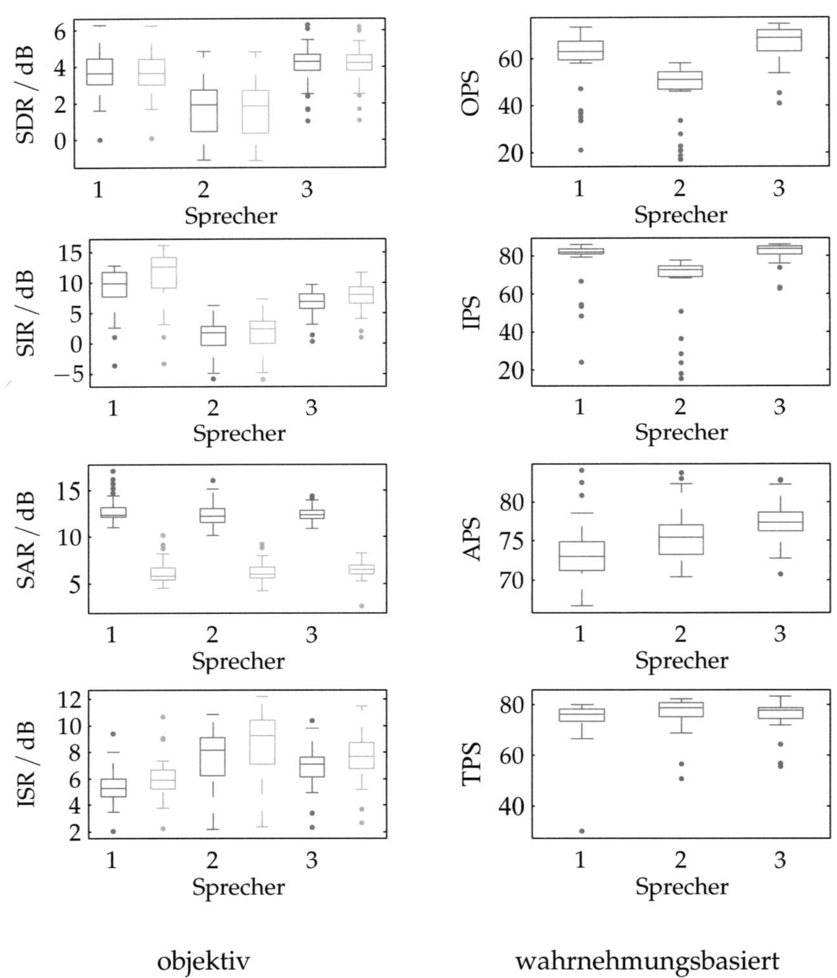

Abbildung 5.3. Ergebnisse für den Basisalgorithmus bei einer Nachhallzeit von 130 ms. Die Bewertung anhand der Energieverhältnisse ist für die alte (dunkelgrau) und neue (hellgrau) Vorgehensweise bei der Zerlegung der Signale angegeben.

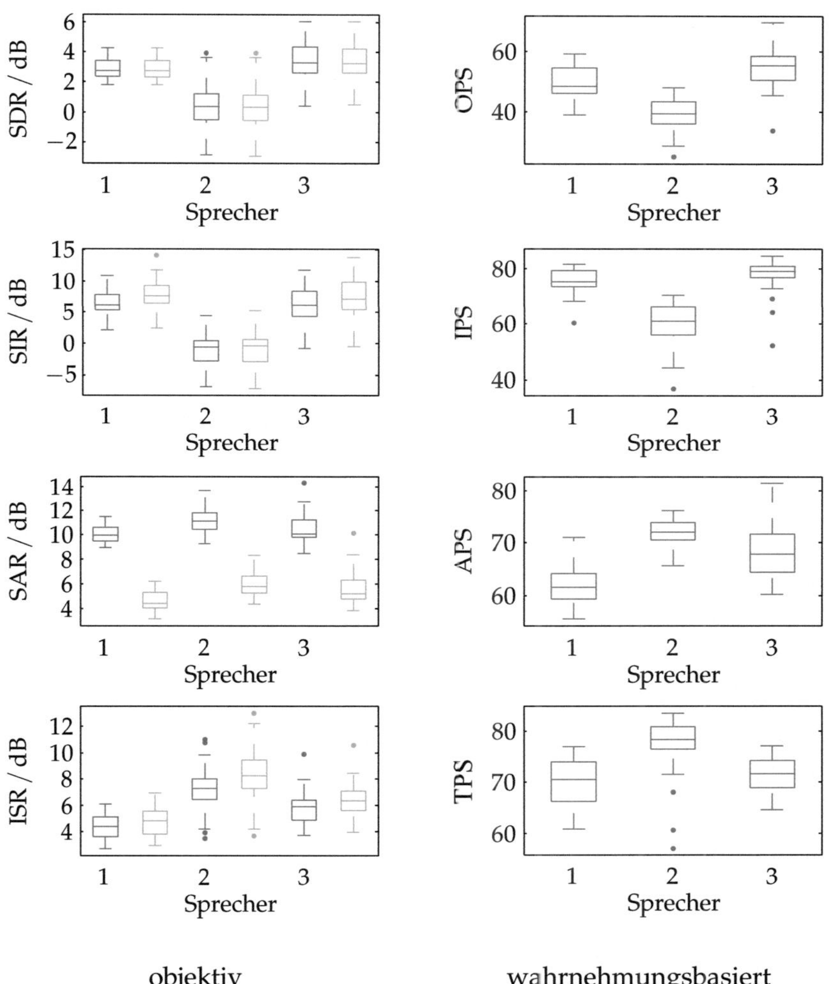

Abbildung 5.4. Ergebnisse für den Basisalgorithmus bei einer Nachhallzeit von 250 ms. Die Bewertung anhand der Energieverhältnisse ist für die alte (dunkelgrau) und neue (hellgrau) Vorgehensweise bei der Zerlegung der Signale angegeben.

den wichtigen Kenngrößen (SDR, SIR) ist für diesen Fall die Wahl der Zerlegung beliebig. Der hohe Bekanntheitsgrad des älteren Verfahrens ermöglicht jedoch einen einfacheren Vergleich mit den Resultaten anderer Forschungsgruppen.

5.3.2. Analyse der Verarbeitungsschritte

Der Basisalgorithmus wurde im vorhergehenden Abschnitt mit einer empirisch ermittelten Parametrierung getestet. Auf Grund der unterschiedlichen Methoden innerhalb der einzelnen Verarbeitungsschritte ist die Wahl einer passenden Konfiguration nicht einfach. Die Auswahl der freien Parameter (z. B. der Fensterlänge bei der Zeit-Frequenz-Transformation) hat einen entscheidenden Einfluss auf das Separationsergebnis. Durch die Betrachtung der einzelnen Verarbeitungsblöcke soll der Einfluss der Methoden und der Parametrierung bewertet werden. Im Rahmen der Evaluation werden die Datensätze A3-130 und A3-250 verwendet.

Für die Betrachtung der Blöcke bietet sich folgende Vorgehensweise an. Es wird ein beliebig strukturierter und konfigurierter Separationsalgorithmus verwendet. Nur die Methoden bzw. Parameter innerhalb des betrachteten Verarbeitungsschrittes werden geändert. Die relative Veränderung der Kenngrößen ermöglicht eine Bewertung. Bei der Auswertung der Daten wird auf eine sprecherspezifische Aufteilung der Ergebnisse verzichtet. Anstatt der 'Box-Whisker-Plots' wird der Mittelwert über alle Realisierungen und Sprecher ermittelt. Dieser Wert ist für einen relativen Vergleich der Ergebnisse ausreichend.

Zeit-Frequenz-Transformation

Die Untersuchung des Einflusses der Transformationen auf die Qualität der Separation ist von besonderer Bedeutung, weil im Rahmen der Arbeit zwei unterschiedliche Zeit-Frequenz-Transformationen betrachtet werden. Normalerweise kommt bei der Quellentrennung im Frequenzbereich die Kurzzeit-Fourier-Transformation zum Einsatz. Durch die Erweiterungen der Wavelet-Transformation (Kap. 3.1) können die analytischen Wavelet-Packets ebenfalls verwendet werden.

Der Einfluss dieser beiden Transformationen auf die Qualität der Separationergebnisse soll im Folgenden für unterschiedliche Fenstergrößen bzw. Filterbanktiefen ($2^{\text{Tiefe}} = $ Fenstergröße) untersucht werden. Die Parametrierung ist in Tabelle 5.2 angegeben. Für die STFT werden Fenstergrößen von 2^6 bis 2^{10} Samples betrachtet, für die AWP eine maximale Tiefe von 9. Der Grund für die Beschränkung der Tiefe bei Verwendung der Wavelet-Packets liegt in der notwendigen Anpassung der Darstellung durch Unterteilung in ein minimales Zeit- und Frequenzraster (siehe Abschnitt 4.1.1). Die Aufteilung der Zeit-Frequenz-Ebene verursacht einen hohen Speicherbedarf, der unter Umständen von *MATLAB* nicht zur Verfügung gestellt werden kann. Alle anderen Parameter bleiben konstant. Somit kann aus den Ergebnissen auf die Verwendbarkeit der Darstellung geschlossen werden.

ZFT	STFT	Fenstergröße:	$64 - 1024$
		Fensterverschiebung:	$50\,\%$
	AWP	maximale Tiefe:	$6 - 9\,(64 - 512)$
LOK	mod. Radon	Histogrammgröße:	128
STA	FZC		
REK	Wahrsch.	Verteilung:	Cauchy

Tabelle 5.2. Parameterwahl für die Analyse der Zeit-Frequenz-Transformationen.

In Abbildung 5.5 sind die Resultate für beide Nachhallzeiten angegeben, in der linken Spalte für 130 ms, in der Rechten für 250 ms. Die unterschiedlichen Methoden sind farblich gekennzeichnet. Die Qualität der Signale steigt für nahezu alle Kenngrößen mit der Fenstergröße an. Dieser Effekt tritt auch bei den Betrachtungen von Yilmaz und Rickard [104] und Araki et al. [9] auf. Ein Grund ist die Spärlichkeit der Signale bei der Darstellung im Frequenzbereich, die mit der Anzahl der Frequenzbänder ansteigt [104]. Bei der Ausbreitung der Signale in reflexionsbehafteter Umgebung hat auch das Verhältnis von Nachhallzeit zu Fensterlänge einen deutlichen Einfluss auf die Separationsqualität [9]. Die Betrachtungen zeigen, dass wenigstens der dominante Anteil der Impulsantwort innerhalb einer Fensterlänge liegen sollte. Die Fenstergröße darf in Abhängigkeit der Gesamtlänge des Signals jedoch nicht zu groß sein, denn sonst stehen zu wenig Werte für eine statistische Analyse zur Verfügung. Außerdem ist die Bedingung der Quasistationarität für die Zeit-Frequenz-Analyse unter Umständen nicht mehr gültig. Für die betrachteten Signallängen und Fenstergrößen sind die Bedingungen hingegen erfüllt.

Neben dem Einfluss der Fensterlänge ist die Wirkung der beiden Trans-

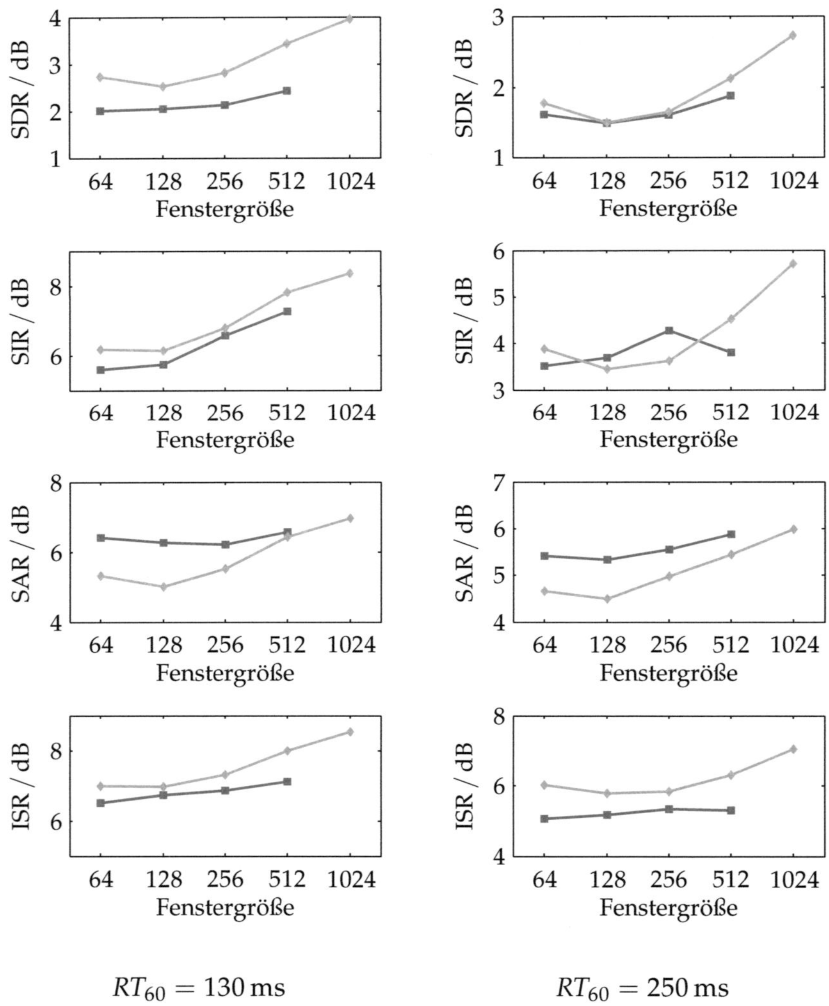

$RT_{60} = 130\,\mathrm{ms}$ $RT_{60} = 250\,\mathrm{ms}$

Abbildung 5.5. Vergleich der Separationsergebnisse für unterschiedliche Fensterlängen und Zeit-Frequenz-Darstellungen: STFT (hellgrau) und AWP (dunkelgrau).

formationen interessant. Ein Vergleich der Resultate zeigt tendenziell bessere Werte bei Verwendung der Kurzzeit-Fourier-Transformation, insbesondere beim SDR und SIR. Eine identische oder bessere Qualität der Wavelet-Packets wird nur in zwei Fällen für die längere Nachhallzeit erreicht.

Für die besseren Ergebnisse bei Verwendung der STFT können mehrere Gründe angeführt werden. Durch die adaptive Zerlegung der Signale ist tendenziell eine geringere Frequenzauflösung (vgl. Tab. 3.8) zu erwarten. Die Spärlichkeit der Signale ist jedoch von der Anzahl der Frequenzbänder abhängig. Durch die angepasste Auflösung sind zudem für bestimmte Frequenzen hohe Zeitauflösungen zu erwarten. Die korrespondierenden Fensterlängen sind klein gegenüber der Nachhallzeit. Ein weiterer Grund ist sicherlich der störende Einfluss der Nebenmaxima der AWP.

Im weiteren Verlauf der Arbeit wird auf Grund der besseren Ergebnisse und einer effizienteren Umsetzung die Kurzzeit-Fourier-Transformation verwendet. Eine Verwendung der Wavelet-Packets ist durchaus vorstellbar, dafür sind sowohl eine aufwendige Analyse als auch eine leistungsfähige Implementierung des Verfahrens notwendig.

Statistische Analyse

Die statistische Analyse stellt den dritten Verarbeitungsschritt der Quellentrennung dar. Aus der Laufzeitschätzung (mod. Radontransformation) erhält man bereits Initialwerte in jedem Frequenzband für den Clusteralgorithmus (FZC) oder die ICA. Durch den Vergleich der beiden Verfahren zur Signaltrennung soll eine methodenspezifische Bewertung ermöglicht werden. Zusätzlich wird eine dritte Konfiguration des Algorithmus <u>ohne</u> statistische Analyse getestet. Für diesen Fall werden die notwendigen Zugehörigkeiten und Standardabweichungen für alle Frequenzen k, Zeitschritte m und Quellen c identisch gewählt: $u_{m,c}(k) = 1/3$, $\sigma_c(k) = 0{,}15$. Die Werte der anderen Parameter sind in Tabelle 5.3 angegeben.

Die Ergebnisse sind in Abb. 5.6 skizziert. Die Betrachtung der statistischen Verfahren zeigt ein eindeutiges Ergebnis. Die FZC liefert für nahezu alle Kenngrößen bessere Ergebnisse, nur beim SAR zeigt die Verwendung der ICA Vorteile. Diese Resultate bestätigen die Analyse in Abschnitt 4.1.3. Dort wurde bereits gezeigt, dass durch das unscharfe Clustern bessere Ergebnisse erzielt werden als bei der absoluten Zuweisung durch die geometrische ICA.

ZFT	STFT	Fenstergröße:	512
		Fensterverschiebung:	50 %
LOK	mod. Radon	Histogrammgröße:	128
STA	FZC		
	ICA		
	Ohne		
REK	Wahrsch.	Verteilung:	Cauchy

Tabelle 5.3. Parameterwahl für den Vergleich unterschiedlicher Verfahren zur statistischen Analyse.

Interessant sind die Resultate bei direkter Verwendung der Initialwerte, insbesondere weil für ein hohes SDR ein niedriges SIR auftritt. Der geringe Wert für das SIR lässt sich mit der Wahl der Zugehörigkeiten und Standardabweichungen erklären, wodurch die Quellen in jedem Frequenzband als 'gleichberechtigt' betrachtet und sprecherspezifische Aspekte vernachlässigt werden. Das hohe SDR resultiert aus dem signifikanten Unterschied bei den Artefakten. Bei der Rekonstruktion können durch große Unterschiede der Varianzen absolute Zuweisungen der Koeffizienten erfolgen, wodurch Artefakte im rekonstruierten Signal entstehen.

Auf Grund der deutlich besseren Ergebnisse beim SIR wird im weiteren Verlauf der Arbeit das Fuzzy-Clustering zur statistischen Analyse verwendet.

Rekonstruktion

Zur Rekonstruktion der Signale wurden prinzipiell drei Methoden vorgestellt: die Ermittlung der Koeffizienten auf Basis der Zugehörigkeiten, die Rekonstruktion der Daten durch Auswertung der Wahrscheinlichkeitsverteilungen und die Bestimmung der Koeffizienten durch die explizite Lösung des linearen Gleichungssystems unter Nebenbedingungen. Die Parametrierung für das Experiment ist in Tabelle 5.4 festgelegt.

Die Resultate der einzelnen Separationsalgorithmen sind in Abbildung 5.7 eingetragen. Die geringen Werte des SDR und SIR bei der Lösung des linearen Gleichungssystems fallen sofort auf. Die Koeffizienten des Gleichungssystems werden für unterbestimmte Systeme durch Minimierung der L_1-Norm unter Nebenbedingungen ermittelt. Für die Umsetzung wird die lineare Programmierung [97] genutzt. Die verwen-

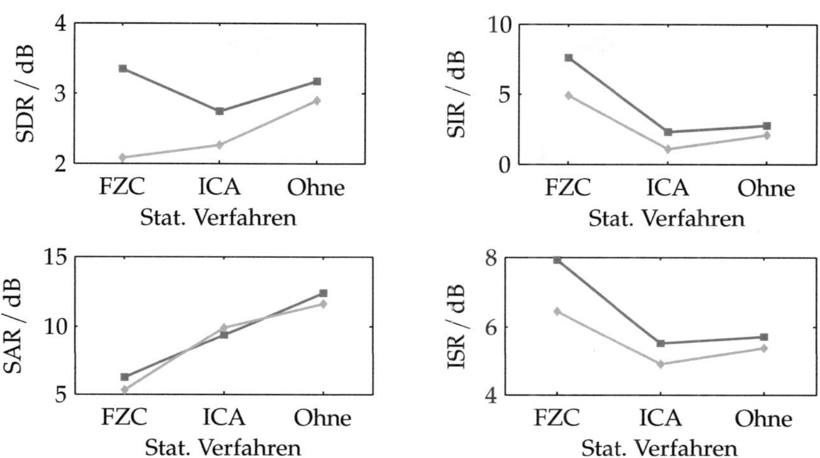

Abbildung 5.6. Vergleich der Separationsergebnisse bei Verwendung verschiedener Verfahren zur statistischen Analyse. Durchgeführt für Nachhallzeiten von 130 ms (dunkelgrau) und 250 ms (hellgrau).

ZFT	STFT	Fenstergröße:	512
		Fensterverschiebung:	50 %
LOK	mod. Radon	Histogrammgröße:	128
STA	FZC		
REK	Zugeh. Wahrsch. lin. GS.	Verteilung:	Cauchy

Tabelle 5.4. Parameterwahl für den Vergleich unterschiedlicher Verfahren zur Rekonstruktion.

dete Funktion 'linprog' aus der Optimization Toolbox von *MATLAB* besitzt zwei Schwächen. Einerseits kommen zur Lösung des Optimierungsproblems Algorithmen zum Einsatz, die ein Auffinden des globalen Extremums nicht garantieren, andererseits wird bei der Minimierung der L_1-Norm nicht die spezifische Sprecherwahrscheinlichkeit in einem Frequenzband berücksichtigt, sondern nur die Spärlichkeit der Verteilungen allgemein. Auf Grund der hohen Rechenzeit wird auf eine entsprechende Anpassung der Algorithmen verzichtet und der Fokus auf die anderen

Verfahren gerichtet. Die beiden Methoden liefern deutlich bessere, nahe-

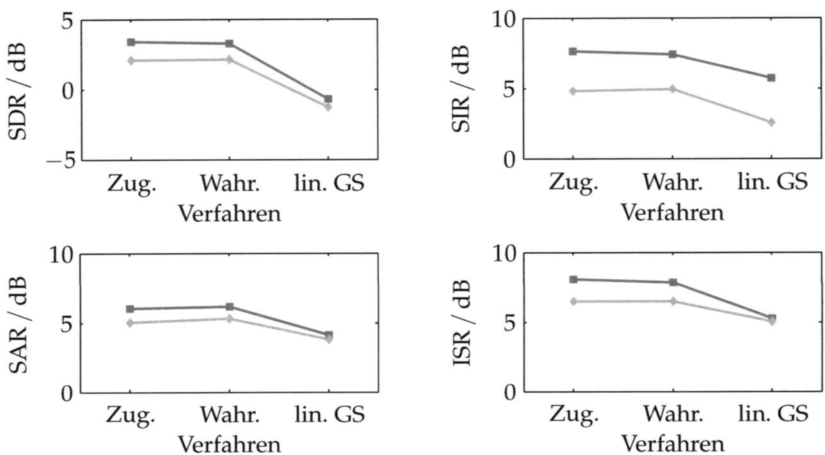

Abbildung 5.7. Vergleich der Ergebnisse bei unterschiedlichen Methoden zur Rekonstruktion für $RT_{60} = 130\,\text{ms}$ (dunkelgrau) und $RT_{60} = 250\,\text{ms}$ (hellgrau).

zu identische Werte. Diese Tatsache lässt sich durch die ähnliche Ermittlung der Zugehörigkeiten bzw. Wahrscheinlichkeiten erklären. In beiden Fällen ist der Abstand zwischen den Erwartungswerten und der Phasendifferenz im aktuellen Zeitschritt der entscheidende Parameter in jedem Frequenzband. Die Bewertung des Abstandes erfolgt für die Zugehörigkeit durch einen Gewichtungsfaktor im Exponenten, für den wahrscheinlichkeitsbasierten Ansatz durch die Wahl der Verteilungsfunktion.

Für die wahrscheinlichkeitsbasierte Rekonstruktion ist eine weitere Untersuchung notwendig, denn zur Modellierung der Verteilungen stehen drei unterschiedliche Funktionen zur Verfügung. Insbesondere die Laplaceverteilung ist prinzipiell zur Beschreibung spärlich verteilter Werte geeignet. Zusätzlich werden Normal- und Cauchyverteilung zur Charakterisierung des amplitudenbewerteten Histogramms und somit zur Ermittlung der Wahrscheinlichkeitswerte verwendet. Die Konfiguration für diesen Vergleich ist in Tab. 5.5 beschrieben, die Ergebnisse werden in Abbildung 5.8 gezeigt.

Beim SDR sind nur geringe Abweichungen erkennbar. Im Gegensatz dazu sind beim SIR deutliche Unterschiede und eine klare Reihenfolge

ZFT	STFT	Fenstergröße:	512
		Fensterverschiebung:	50 %
LOK	mod. Radon	Histogrammgröße:	128
STA	FZC		
REK	Wahrsch.	Verteilung:	Cauchy
			Laplace
			Normal

Tabelle 5.5. Parameterwahl für den Vergleich verschiedener Verteilungsfunktionen.

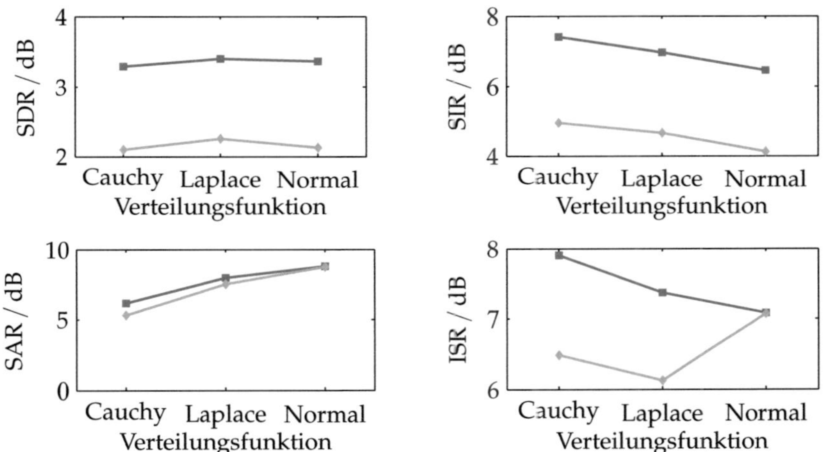

Abbildung 5.8. Vergleich der Ergebnisse bei Verwendung unterschiedlicher Wahrscheinlichkeitsverteilungen im Rekonstruktionsschritt für $RT_{60} = 130$ ms (dunkelgrau) und $RT_{60} = 250$ ms (hellgrau).

ersichtlich. Ähnlich zu vorhergehenden Betrachtungen zeigt das SAR ein gegenläufiges Verhalten. Bei der Parametrierung der Verteilungen ist die Wahl der Varianzen wichtig. Durch Anpassung dieser Werte kann zwischen einer absoluten oder gleichförmigen Zuweisung der Phasenwerte zu den einzelnen Erwartungswerten variiert werden. Um die Definition zusätzlicher Parameter zu vermeiden, werden die im Rahmen der statistischen Analyse ermittelten Werte verwendet.

5.3.3. Koeffizientenübergreifende Rekonstruktion

In den ersten beiden Abschnitten des Kapitels erfolgte eine separate Rekonstruktion jedes Koeffizienten auf der Basis geometrischer Informationen. Benachbarte Werte wurden nicht berücksichtigt. Entsprechend der Diskussion in Kap. 4.2.2 ist die Betrachtung von Nachbarschaften sinnvoll. Die Ergebnisse einer frequenz- und zeitübergreifenden Signaltrennung werden als Nächstes vorgestellt. Abschließend folgt die Präsentation der Resultate für die aufwendigere Rekonstruktion mit Hilfe der Periodizitätsschätzung.

Sprecherwahrscheinlichkeit in einem Zeitschritt

Um die teilweise fehlerhaften Zuordnungen im niedrigen Frequenzbereich zu korrigieren, folgt eine frequenzübergreifende Betrachtung der Wahrscheinlichkeiten innerhalb eines Zeitschrittes. Die Vorgehensweise bei der Signaltrennung ist identisch zur Beschreibung des Algorithmus in Kap. 4.2, wobei die Grenzen der Frequenzbereiche zu $k_A^{TS} = k_C^{TS} = k_L$ und $k_B^{TS} = k_U$ festgelegt werden. Für die Experimente erfolgt die Wahl der Parameter entsprechend Tabelle 5.6. Es werden vier unterschiedliche Konfigurationen betrachtet. Der Frequenzbereich $k \in [k_A^{TS}, k_B^{TS}]$

ZFT	STFT	Fenstergröße:	512
		Fensterverschiebung:	50 %
LOK	mod. Radon	Histogrammgröße:	128
STA	FZC		
REK	Wahrsch.	Verteilung:	Cauchy
		Frequenzbereich ($k_{L/U}$):	1. ohne
			2. 32, 128
			3. 64, 128
			4. 32, 64

Tabelle 5.6. Parameterwahl bei Berücksichtigung mehrerer Frequenzen pro Zeitschritt.

wird zur Ermittlung der Sprecherwahrscheinlichkeit im aktuellen Zeitschritt verwendet. Diese Information kann zur Verbesserung der Werte für $k \in [1, k_C^{TS}]$ genutzt werden, denn in diesem Bereich treten auf Grund geringer Abstände zwischen den Erwartungswerten der Phasendifferenzen mit höherer Wahrscheinlichkeit Fehlzuordnungen auf. Bei der Festlegung der Grenzen wird maximal die Hälfte der positiven Frequenzen berücksichtigt, da auf Grund der unterschiedlichen Frequenzcharakteristik der Phoneme Werte im höheren Bereich fehlerhafte Ergebnisse liefern könnten (siehe Abb. 4.19). Die Ergebnisse für die vier un-

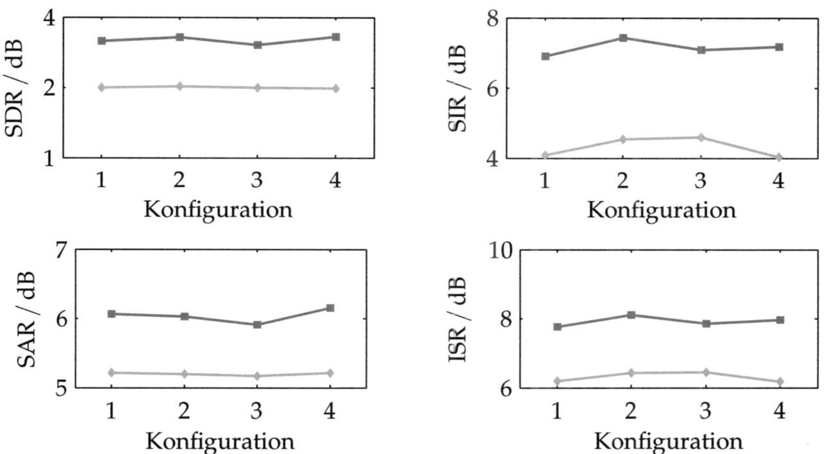

Abbildung 5.9. Korrektur der Fehlzuordnungen durch Berücksichtigung der Wahrscheinlichkeiten pro Zeitschritt für $RT_{60} = 130\,\text{ms}$ (dunkelgrau) und $RT_{60} = 250\,\text{ms}$ (hellgrau).

terschiedlichen Konfigurationen sind in Abbildung 5.9 dargestellt. Beim SDR sind keine signifikanten Unterschiede erkennbar. Das durchschnittliche Signal-zu-Interferenz-Verhältnis kann hingegen verbessert werden. Das beste Ergebnis wird für die zweite Konfiguration erzielt. Prinzipiell lassen sich aber keine festen Frequenzbereiche angeben. Die Frequenzen müssen in Abhängigkeit der Sensorkonfiguration und der Abtastrate gewählt werden. Für den Analysebereich eignen sich Frequenzbänder mit einem großen Abstand zwischen den Erwartungswerten der Phasendifferenzen.

Berücksichtigung mehrerer Zeitschritte

Bei der Betrachtung von Sprachsignalen im Zeit-Frequenz-Bereich weisen zeitlich benachbarte Koeffizienten häufig nur sehr geringe Amplitudenunterschiede auf. Gründe sind die Überlappung der Analysefenster und der kontinuierliche Verlauf der menschlichen Sprache. Treten bei der Rekonstruktion fehlerhafte Zuweisungen auf, die in Sprüngen im Koeffizientenverlauf resultieren, kann durch Glättung der Werte eine Verbesserung erzielt werden. Die Anpassung der Wahrscheinlichkeiten wird mit Hilfe von Gl. 4.10 realisiert. Bei der iterativen Implementierung wird der vorhergehende Koeffizient jeweils mit dem Vergessensfaktor β multipliziert und zum aktuellen Wert addiert. Dies entspricht einer Umsetzung der Gleichung für $N_V \to \infty$. Auf Grund der exponentiellen Gewichtung fallen die Faktoren jedoch sehr schnell ab und der aktuelle Koeffizient hängt nur von wenigen Werten ab. In Tabelle 5.7 sind die Parameter für das Experiment aufgelistet.

ZFT	STFT	Fenstergröße:	512
		Fensterverschiebung:	50 %
LOK	mod. Radon	Histogrammgröße:	128
STA	FZC		
REK	Wahrsch.	Verteilung:	Cauchy
		Vergessensfaktor β:	$0 - 0{,}6$

Tabelle 5.7. Parameterwahl bei Berücksichtigung vergangener Zeitschritte.

Die Ergebnisse in Abbildung 5.10 zeigen den Nutzen der zeitschrittübergreifenden Rekonstruktion. Beim SDR und SIR sind Verbesserungen möglich, die deutlichsten Steigerungen sind aber beim SAR erkennbar. Durch die Glättung werden deutliche Amplitudenunterschiede benachbarter Koeffizienten unterdrückt und abrupte Sprünge im rekonstruierten Signal verhindert.

Der ideale Vergessensfaktor liegt für diese Konfiguration im Bereich von 0,2 bis 0,4. Prinzipiell muss der Faktor in Abhängigkeit der Fensterlänge ermittelt werden. Für kurze Analysefenster sind höhere Werte für β sinnvoll, weil der betrachtete Zeitraum deutlich kürzer als der quasistationäre Bereich der menschlichen Sprache ist.

Ermittlung der Periodizität

Die periodische Struktur menschlicher Sprache kann, wie in Abschnitt 4.2.2 beschrieben, ermittelt und zur Korrektur der berechneten Wahrscheinlichkeiten verwendet werden. Um das modifizierte Verfahren zu evaluieren und anschließend vergleichen zu können, folgt die Betrach-

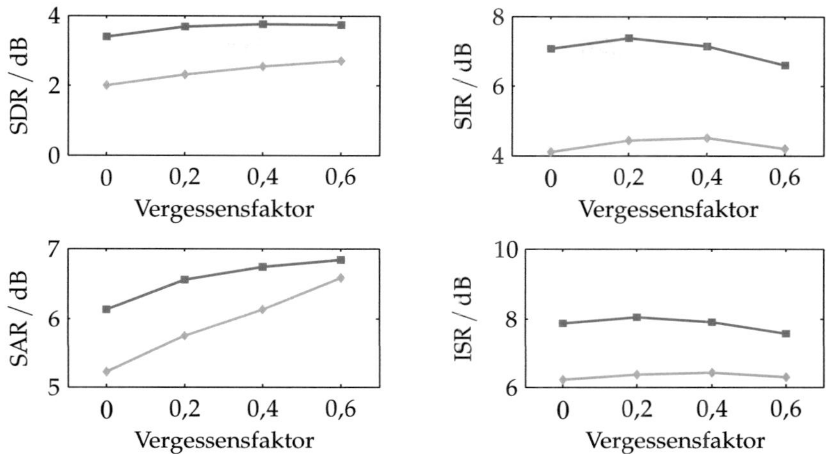

Abbildung 5.10. Resultate bei Berücksichtigung mehrerer Zeitschritte für die beiden Nachhallzeiten RT_{60} = 130 ms (dunkelgrau) und RT_{60} = 250 ms (hellgrau).

tung von vier unterschiedlichen Konfigurationen. Die betrachteten Algorithmen sind im Folgenden aufgelistet:

1. Basisalgorithmus

2. Basisalgorithmus mit Periodizitätsschätzung

3. Algorithmus mit Berücksichtigung der Nachbarschaften in Zeit- und Frequenzrichtung ($\beta = 0{,}4$, $k_{\mathrm{L}} = 64$, $k_{\mathrm{U}} = 256$)

4. Algorithmus mit Berücksichtigung der Nachbarschaften und Periodizitätsschätzung.

Die globalen Parameter sind in Tabelle 5.8 angegeben. Die Fenstergröße wird im Gegensatz zu den vorhergehenden Experimenten auf 1024 Samples erhöht, um eine bessere Frequenzauflösung für die Periodizitätsschätzung zu erhalten.

Bei der Diskussion der Ergebnisse muss berücksichtigt werden, dass auf Grund der angepassten Parameterwahl ein Vergleich mit vorhergehenden Resultaten nur eingeschränkt möglich ist. Die Ergebnisse in

ZFT	STFT	Fenstergröße:	1024
		Fensterverschiebung:	75 %
LOK	mod. Radon	Histogrammgröße:	128
STA	FZC		
REK	Wahrsch.	Verteilung:	Cauchy

Tabelle 5.8. Parameter für die Evaluation bei Verwendung des LSPE.

Abb. 5.11 lassen mehrere Schlussfolgerungen zu. Die ausschließliche Verwendung der Periodizitätsschätzung (Konfig. 2) liefert für nahezu alle Werte die schlechtesten Ergebnisse. Gründe sind vermutlich eine schlechte Wahl der Parameter oder fehlerhafte Schätzungen durch das LSPE auf Grund falscher Koeffizientenzuordnungen im ersten Rekonstruktionsschritt. Durch Berücksichtigung der Nachbarschaften in Zeit und Frequenz (Konfig. 3) können insbesondere für die höhere Nachhallzeit die Ergebnisse für SDR und SIR gesteigert werden. Die zusätzliche Ermittlung der Periodizität (Konfig. 4) liefert für die geglätteten Koeffizienten eine weitere Verbesserung.

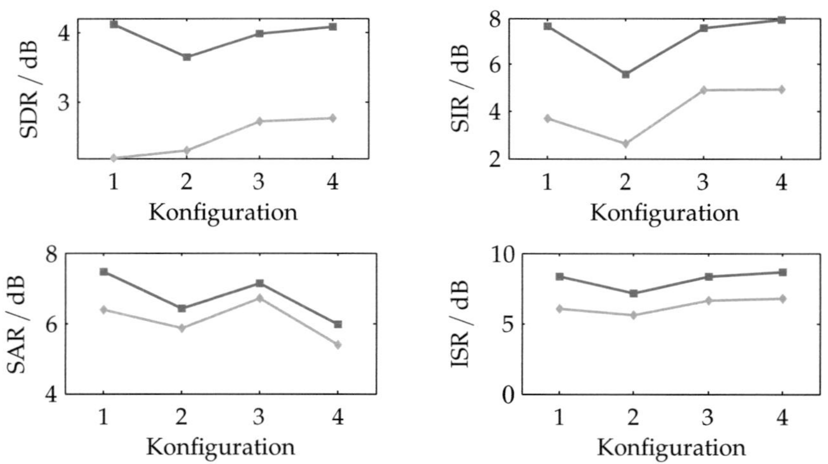

Abbildung 5.11. Separationsergebnisse für verschiedene Konfigurationen mit und ohne Verwendung der Periodizitätsschätzung für $RT_{60} = 130\,\text{ms}$ (dunkelgrau) und $RT_{60} = 250\,\text{ms}$ (hellgrau).

5.3.4. Dynamischer Algorithmus

Ein Konzept zur Realisierung der Trennung mit geringen Verzögerungen wurde in Abschnitt 4.2.3 vorgestellt. Vor der Diskussion der spezifischen Ergebnisse soll als Erstes der Einfluss der Signallänge auf die Separationsqualität untersucht werden.

Die Dauer des Signals hat theoretisch einen hohen Einfluss auf die Qualität der Resultate. Je länger das Signal ist, desto mehr Werte stehen für die statistische Analyse in jedem Frequenzband zur Verfügung. Unter Verwendung der Parameter aus Tabelle 5.9 sollen vier Mischsignale mit unterschiedlichen Längen (1 s, 2 s, 4 s, 10 s) in die ursprünglichen Signale zerlegt werden. Die Resultate sind in Abbildung 5.12 skizziert und be-

ZFT	STFT	Fenstergröße:	512
		Fensterverschiebung:	75 %
LOK	mod. Radon	Histogrammgröße:	128
STA	FZC		
REK	Wahrsch.	Verteilung:	Cauchy
		Vergessensfaktor β:	0,4
		Frequenzbereich ($k_{L/U}$):	32, 128

Tabelle 5.9. Parameterwahl zur Evaluation der Verfahren bei unterschiedlicher Signallänge.

stätigen die obige Annahme. Die Werte für SDR und SIR steigen mit zunehmender Signaldauer an, wobei der Einfluss auf die Signale mit geringerer Nachhallzeit deutlich signifikanter ist. Eine konkrete Erklärung für die unterschiedlich starken Änderungen lässt sich nicht angeben. Die Ergebnisse zeigen jedoch, dass bereits für kurze Zeitabschnitte akzeptable Resultate erzielbar sind.

Die Modifikation der Verfahren (Abschnitt 4.2.3) ist ein erster Versuch einer 'realitätsnahen' Implementierung. Die Anforderungen sind unter anderem ein geringer Zeitversatz bei der Separation und die Berücksichtigung dynamischer Ereignisse in der Sensorumgebung.

Für das folgende Beispiel soll die Dynamik eine untergeordnete Rolle spielen. Trotzdem können hier bereits spezifische Schwierigkeiten aufgezeigt werden. Zur Trennung eines Mischsignals wird der dynamische Algorithmus (ohne statistische Analyse) mit der Parametrierung aus Tabelle 5.9 verwendet. Das Testsignal enthält Anteile von drei weiblichen

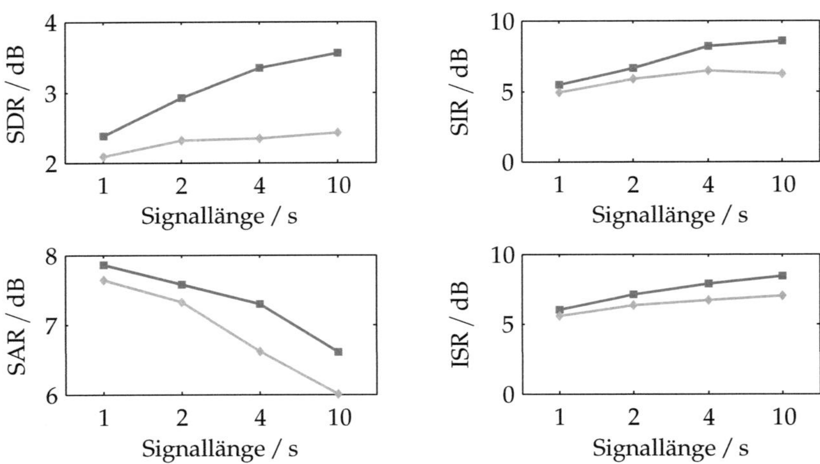

Abbildung 5.12. Separationsergebnisse für unterschiedliche Signallängen und Nachhallzeiten (RT_{60} = 130 ms (dunkelgrau) und RT_{60} = 250 ms (hellgrau)).

Sprechern (RT_{60} = 130 ms) und ist explizit im *SiSEC*-Datensatz enthalten.

Innerhalb der Implementierung wird alle k_1 = 10 Zeitschritte eine neue Richtungsschätzung durchgeführt. Aus der Winkelkurve werden die signifikanten Extremwerte ermittelt und den einzelnen Sprechern zugeordnet. Durch diese Sprecherindizierung kann eine Fehlzuordnung bei der Signalrekonstruktion vermieden werden. Die Ergebnisse der DOA-Schätzung sind in Abb. 5.13 skizziert und die Sprecher farblich markiert. Das Signal wird in jedem Zeitschritt auf der Basis der aktuellen Winkelschätzung rekonstruiert, wobei ein Sprecher nur als aktiv bewertet wird, wenn eine gültige Winkelschätzung vorliegt. Die Zeit-Frequenz-Darstellung eines rekonstruierten Quellsignals ist in Abb. 5.14 zu sehen. Die Unterbrechungen (blaue Bereiche) in der Zeit-Frequenz-Ebene resultieren aus den detektierten Sprecherpausen (keine Aktivität).

An diesem Beispiel sind die Schwierigkeiten einer dynamischen Quellentrennung erkennbar. Das Gesamtergebnis hängt vor allem von der korrekten Detektion der aktiven Quellen ab. Die Qualität der anschließenden Separation ist vor allem von der Stationarität innerhalb der Szene abhängig. Je länger die Umgebungsbedingungen konstant bleiben (Sprachdau-

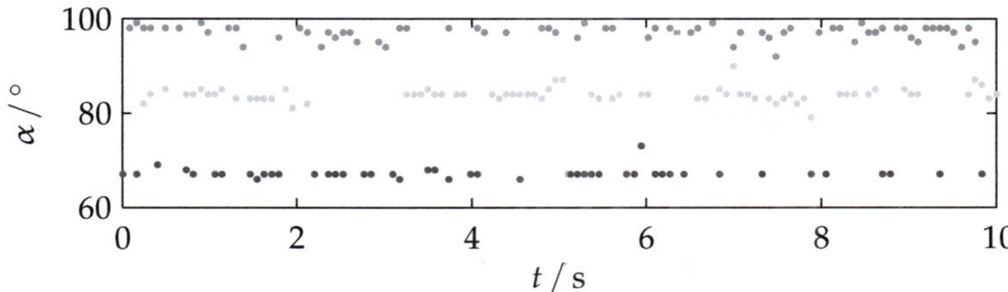

Abbildung 5.13. Geschätzte und indizierte Einfallsrichtungen. Eine Schätzung erfolgte alle 80 ms.

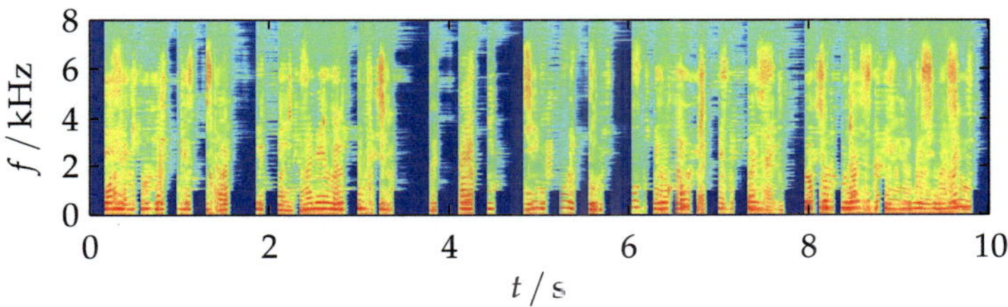

Abbildung 5.14. Rekonstruktionsergebnis für eine Quelle. Die Position des Sprechers befand sich bei ca. 100°.

er, Quellenposition), desto bessere Ergebnisse sind zu erwarten. Eine statistische Analyse scheint nur sinnvoll für Stationarität $> 1 - 2$ s.

5.3.5. Vergleich mit anderen Verfahren

Die bisherigen Versuche und Experimente zeigen einerseits den Einfluss der unterschiedlichen Parameter auf die Separationsqualität, andererseits die Vorteile der einzelnen Erweiterungen. Abschließend ist jedoch der Vergleich mit anderen Verfahren notwendig, um die Leistungsfähigkeit des Konzeptes bewerten zu können. Auf dem Gebiet der Signalverarbeitung befassen sich jedoch einige Forschungsgruppen mit der Separation von Sprachsignalen, was zu einer Vielzahl an unterschiedlichen Konzepten führt. Eine der erfolgreichsten Gruppen arbeitet am 'NTT Communication Science Laboratories'[6] der *Nippon Telegraph and Telephone Corporation* (NTT) in Kyoto. Für die Verwendung der dort entwickelten Algorith-

---

[6]http://www.kecl.ntt.co.jp/rps/index.html

men als Referenz gibt es zwei gute Argumente: einerseits wurden viele Zeitschriften- und Konferenzbeiträge auf dem Gebiet der Blind Source Separation von den Mitgliedern veröffentlicht, andererseits lieferten die Verfahren von Araki et al. [11] und Sawada et al. [86] im Rahmen der beiden Evaluationskampagnen *SiSEC 2008* und *SiSEC 2010* mit die besten Resultate in reflexionsbehafteter Umgebung. Zudem werden von den Forschern um Araki und Sawada ebenfalls Separationsansätze im Frequenzbereich eingesetzt.

Zum Vergleich wird der aktuelle Algorithmus von Sawada et al. [85] verwendet, der eine verbesserte Version des Verfahrens in [86] darstellt. Zur Trennung der Signale werden ebenfalls die geometrischen Eigenschaften genutzt. Die Erwartungswerte der Phasendifferenzen in jedem Frequenzband werden mit Hilfe eines Expectation-Maximization-Algorithmus ermittelt. Anschließend können für die Phasenwerte die A-posteriori-Wahrscheinlichkeiten für die Zugehörigkeit zu den einzelnen Clustern bestimmt werden. Auf Grund einer willkürlichen Initialisierung ist die Indizierung der einzelnen Klassen in jedem Band unterschiedlich und keinem festen Sprecher zugeordnet (Permutationsproblem). Die Zuweisung der Cluster wird im zweiten Schritt durch eine frequenzbandübergreifende Optimierung korrigiert. Dabei wird für alle Kombinationen von Clustern die Ähnlichkeit des zeitlichen Verlaufs der Wahrscheinlichkeiten zwischen zwei Frequenzbändern mit Hilfe eines Korrelationsverfahrens ermittelt. Dieses sogenannte 'Permutation Alignment' liefert idealerweise die korrekte Zuordnung der Klassen über alle Frequenzen. Die Indizierung der Cluster wird in älteren Veröffentlichungen durch Auswertung der Laufzeitdifferenzen durchgeführt, was jedoch schlechtere Ergebnisse liefert. Im Anschluss erfolgt die Rekonstruktion der Signale durch eine absolute Zuweisung der Koeffizienten zum Sprecher mit der maximalen Wahrscheinlichkeit in dem jeweiligen Zeit- und Frequenzschritt (binäre Maskierung).

Die Evaluation des Verfahrens von Sawada et al. erfolgte unter anderem anhand des Testdatensatzes *dev1*, der im Rahmen der *SiSEC* zur Verfügung gestellt wurde. Dies ermöglicht einen einfachen und aussagekräftigen Vergleich der beiden Methoden. Es kann angenommen werden, dass in beiden Fällen die idealen Parameter bekannt sind. Für das eigene Verfahren sind die Werte in Tabelle 5.10 angegeben. Der Vergleich der beiden Verfahren (Abb. 5.15) zeigt, dass insgesamt das Konzept von Sawada etwas bessere Ergebnisse liefert. Der Grund liegt mitunter in der aufwendigeren Korrektur des Permutationsproblems. Beim eigenen Verfahren

ZFT	STFT	Fenstergröße:	1024
		Fensterverschiebung:	75 %
LOK	mod. Radon	Histogrammgröße:	128
STA	FZC		
REK	Wahrsch.	Verteilung:	Cauchy
		Vergessensfaktor β:	0,4
		Frequenzbereich ($k_{L/U}$):	32, 128
		LSPE	

Tabelle 5.10. Parameterwahl für den Vergleich mit anderen Verfahren.

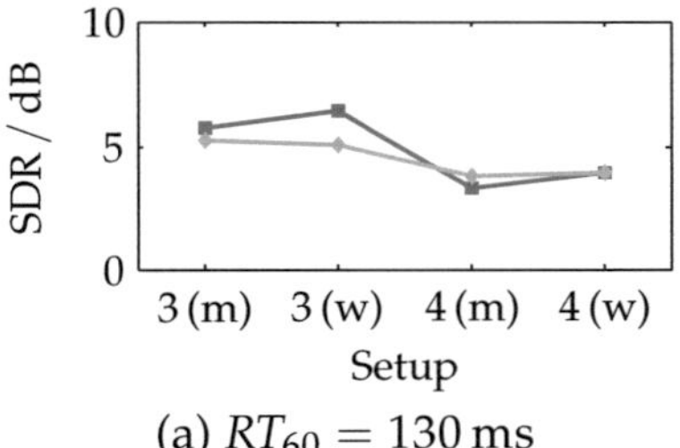

(a) $RT_{60} = 130\,\mathrm{ms}$

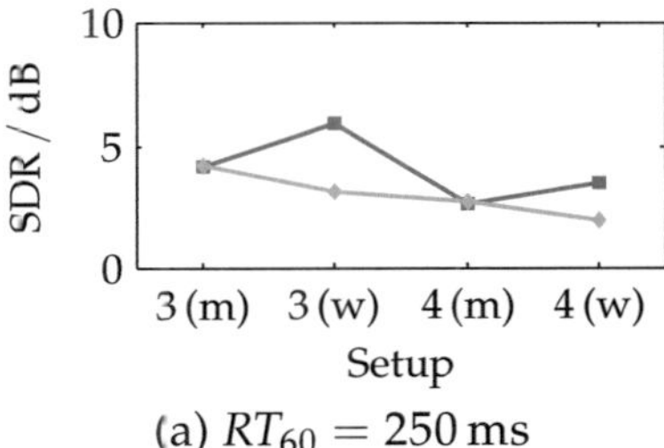

(a) $RT_{60} = 250\,\mathrm{ms}$

Abbildung 5.15. Vergleich der eigenen Implementierung (hellgrau) mit dem Verfahren von Sawada [85] (dunkelgrau).

werden die einzelnen Cluster direkt mit Werten aus der DOA-Schätzung initialisiert. Auf Grund der Lernregel für ICA und FZC wird angenommen, dass die Initialwerte zum naheliegendsten Erwartungswert wandern und somit das Permutationsproblem per se gelöst ist. Eine Fehlzuordnung wird im Nachhinein nicht mehr korrigiert. Für vier Sprecher erzielt das im Rahmen der Arbeit vorgestellte Verfahren sehr ähnliche Ergebnisse. Eine mögliche Erklärung ist die unterschiedliche Vorgehensweise bei der Rekonstruktion. Bei Sawada erfolgt eine absolute Zuordnung der Werte, die auf der Annahme basiert, dass nur ein Sprecher signifikante Beiträge zu einem Koeffizienten im Zeit-Frequenz-Bereich liefert. Trotz der Spärlichkeit der Sprachsignale im Frequenzbereich ist es fraglich, ob diese Annahme für eine große Sprecheranzahl noch gültig ist. In diesem Fall scheint eine anteilige Zuweisung sinnvoller.

6. Zusammenfassung und Ausblick

Für die Zusammenfassung der Arbeit soll als Erstes noch einmal auf die einleitenden Anmerkungen verwiesen werden, in denen der Bedarf an zuverlässigen Verfahren zur Quellentrennung in unterschiedlichen Gebieten (Medizintechnik, Robotik etc.) beschrieben wurde. Vor einer abschließenden Aussage zum Einsatz derartiger Verfahren in realen Umgebungen soll die Arbeit zusammengefasst werden und eine Diskussion über notwendige Erweiterungen erfolgen.

6.1. Zusammenfassung der Arbeit

Im Mittelpunkt der Arbeit stand die Entwicklung eines Verfahrens zur Signaltrennung in realen Umgebungen. Bedingt durch das konvolutive Signalmodell im Zeitbereich ist ein Übergang in den Frequenzbereich sinnvoll. Bei der Konzeption orientierte man sich am aktuellen Stand der Technik, insbesondere an den Verfahren, die innerhalb der 'Signal Processing Research Group' an den 'NTT Communication Science Laboratories' in Japan entwickelt wurden. Diese Konzepte stellen vielversprechende Ansätze zur Lösung des Problems dar.

Das entwickelte Verfahren hat im Hinblick auf die Verarbeitungsschritte eine gewisse Ähnlichkeit zu den referenzierten Verfahren. Die **Transformation** in den Zeit-Frequenz-Bereich, die **statistische Analyse** der Eigenschaften in jedem Frequenzband und die **Rekonstruktion** der Koeffizienten durch die Definition von Masken im Zeit-Frequenz-Bereich sind allgemein zur Umsetzung der Separation notwendig. Ein Unterschied besteht in der Korrektur des Permutationsproblems. In den meisten Fällen wird das Problem der Permutation erst im Anschluß an die frequenzbandspezifische Analyse gelöst. Durch ein modifiziertes Verfahren zur Laufzeit- bzw. Richtungsschätzung lassen sich gute Startwerte für die statistische Analyse ermitteln. Ausgehend von diesen Werten konvergieren

die entsprechenden Verfahren (ICA, FZC) normalerweise zu den nächstliegenden Erwartungswerten der Phasendifferenzen, wodurch das Problem der Permutation a priori gelöst ist.

Für eine Verbesserung des Verfahrens wurden innerhalb der einzelnen Teilschritte verschiedene Aspekte separat betrachtet. Für den Übergang in den Zeit-Frequenz-Bereich können alternativ die **analytischen
Wavelet-Packets** verwendet werden. Wie bereits erwähnt, ist eine Methode zur **Richtungsschätzung mittels Radontransformation** entstanden. Für die statistische Analyse kam neben der ICA auch ein **Fuzzy-
Clusterverfahren** zum Einsatz. Bei der Ermittlung der unscharfen Par-
titionen werden den einzelnen Phasenwerten Zugehörigkeiten zugewiesen. Diese Information kann entweder direkt zur Schätzung der Originalsignale oder zur Bestimmung statistischer Kennwerte genutzt werden. Bei der Rekonstruktion der Signale kann durch die Betrachtung
von Nachbarschaften eine bessere Schätzung der Originalsignale erfolgen. Von den unterschiedlichen Konzepten stellt die **Periodizitätsschätzung** das originellste Verfahren dar.

Unabhängig von den verschiedenen Beiträgen ist eine abschließende
Bewertung und Einordnung des entwickelten Konzeptes notwendig. Diese Diskussion soll anhand der Kriterien erfolgen, die im Rahmen der Einleitung (siehe Kapitel 1.4) festgelegt wurden.

Separationsqualität ↔ Rechenzeit

Für eine effiziente Realisierung der Verfahren darf der Fokus nicht nur
auf der Qualität der getrennten Signale liegen, die Trennung muss auch
in begrenzter Zeit durchführbar sein. Die Evaluierung des Algorithmus
liefert prinzipiell gute Ergebnisse, die mit anderen Verfahren vergleichbar sind. In Abhängigkeit der konkreten Umsetzung liegt die Rechenzeit
für ein Signal von 10 s auf einem Intel Core 2 Duo (3 GHz, 2 GB RAM)
zwischen 3 s und 10 s. Die Berechnungsdauer bei anderen Verfahren liegt
in vielen Fällen im Minutenbereich. Diese Informationen sind jedoch den
Beschreibungen der Algorithmen auf der *SiSEC*-Homepage entnommen
und deshalb nicht absolut zuverlässig. Prinzipiell zeigt das vorgestellte
Verfahren eine gute Balance zwischen Separationsqualität und Rechenzeit.

Berücksichtigung dynamischer Szenarien

Die zusätzliche Betrachtung der Dynamik stellt prinzipiell ein sehr großes Problem dar. Die Ansätze zur blockweisen Berechnung könnten nicht nur im Hinblick auf eine echtzeitfähige Realisierung der Algorithmen ein erster Schritt sein, sondern ermöglichen auch die Berücksichtigung dynamischer Ereignisse in der Umgebung. Um Änderungen der Rahmenbedingungen durch eine wechselnde Anzahl an Sprechern oder Bewegung erkennen zu können, muss das Verfahren jedoch erweitert werden. Eine kurze Diskussion dieser Aspekte folgt im Abschnitt 6.2.

Untersuchung unterschiedlicher Zeit-Frequenz-Darstellungen

Auf Grund entsprechender Vorarbeiten am Institut für Industrielle Informationstechnik (Dissertation T. Weickert [102]) erfolgte die Betrachtung unterschiedlicher Zeit-Frequenz-Darstellungen. In einem anwendungsspezifischen Vergleich von Kurzzeit-Fourier-Transformation und analytischen Wavelet-Packets konnten die Wavelet-Packets mit ihrer signalangepassten Frequenzaufteilung jedoch nicht überzeugen. Die STFT liefert tendenziell bessere Ergebnisse bei Rechenzeit und Separationsqualität.

6.2. Weiterführende Betrachtungen

Abschließend sollen noch einige Betrachtungen zu weiterführenden Arbeiten auf dem Gebiet der Quellentrennung angestellt werden. Im Hinblick auf den Einsatz der Verfahren in realer Umgebung ist in erster Linie nicht die Verbesserung der Algorithmen, sondern die Erkennung und Beachtung dynamischer Ereignisse notwendig. In realen Szenarien ändert sich normalerweise Anzahl und Position der aktiven Sprecher. Die Änderungen müssen für eine entsprechende Umsetzung der Verfahren erkannt und berücksichtigt werden. Diese Aufgabenstellung beinhaltet die Ermittlung der Sprecheranzahl und eine Objektverfolgung, Aspekte – die im Folgenden kurz diskutiert werden sollen.

Ermittlung der Sprecheranzahl

Ein wichtiger Parameter bei der Signaltrennung ist die Anzahl der aktiven Sprecher. Ist diese nicht bekannt, muss sie im Rahmen der Richtungsschätzung ermittelt werden. Eine fehlerhafte Schätzung führt zu schlechten Ergebnissen, insbesondere wenn zu wenige Sprecher erkannt werden. In diesem Fall erfolgt eine Aufteilung der Originalsignale auf zu wenige 'Quellen', wodurch mindestens ein rekonstruiertes Signal signifikante Anteile von mehreren Originalsignalen enthält. Eine Überschätzung der Quellenanzahl ist weniger problematisch, sofern die Position der echten Quellen korrekt ermittelt wird. In diesem Fall enthält das 'falsche' Signal nur geringe Signalanteile der Quellsignale.

Grundlegende Ansätze zur Schätzung der Sprecheranzahl wurden bereits bei der Umsetzung der dynamischen Algorithmen implementiert. Für die Integration einer zuverlässigen Sprecherdetektion sind jedoch weitere Arbeiten notwendig. Es existiert eine Vielzahl von Veröffentlichungen, die sich explizit mit der Erkennung von Sprechern befassen [95] und somit eine gute Grundlage für weitere Betrachtungen liefern.

Objektverfolgung

Die Bewegung von Objekten ist eines der Hauptprobleme bei einer Anwendung der Verfahren in realen Umgebungen. Sobald ein Sprecher seine Position und damit die relative Ausrichtung zu den Sensoren ändert, sind die statistischen Betrachtungen nicht mehr gültig. Um in diesen Fällen eine Separation der Signale durchführen zu können, müssen entweder Zeitbereiche ermittelt werden, in denen die Position der Quellen ortsfest ist, oder es muss eine Separation ohne statistische Analyse durchgeführt werden. Dies führt natürlich zu schlechteren Separationsergebnissen (siehe Kap. 5.3.2). Zur notwendigen Erkennung der Objektbewegung wird ein Verfahren der Mehrobjektverfolgung vorgeschlagen. Für eine erste Abschätzung erfolgte eine einfache Implementierung eines entsprechenden Ansatzes.

Das 'Gaussian mixture probability hypothesis density (GMPHD) filter' ist ein rekursiver Algorithmus zur Verfolgung mehrerer Objekte. Die Wahrscheinlichkeitsverteilung in jedem Zeitschritt wird als Überlagerung mehrerer Gauß-Funktionen beschrieben. Diese werden mit Hilfe des Zustandsmodells aktualisiert und mit den gegenwärtigen Messdaten fusioniert [101]. Das umgesetzte Verfahren ist zur Schätzung des Einfallswinkels ausgelegt. In Abbildung 6.1 (a) sind die Wahrscheinlichkeitsverteilungen für einen generierten Testdatensatz zu jedem Zeitschritt eingezeichnet, die zugehörigen Messdaten sind im rechten Bild (hellgrau) skizziert. Die Werte sind durch Detektion der drei größten Maxima der Richtungsschätzung pro Zeitschritt ermittelt worden. Das GMPHD-Filter

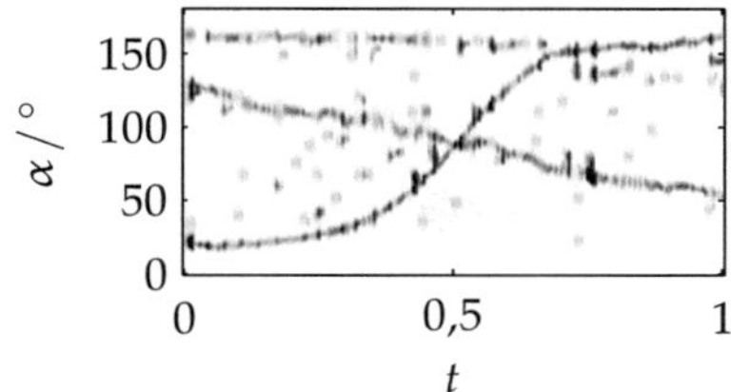

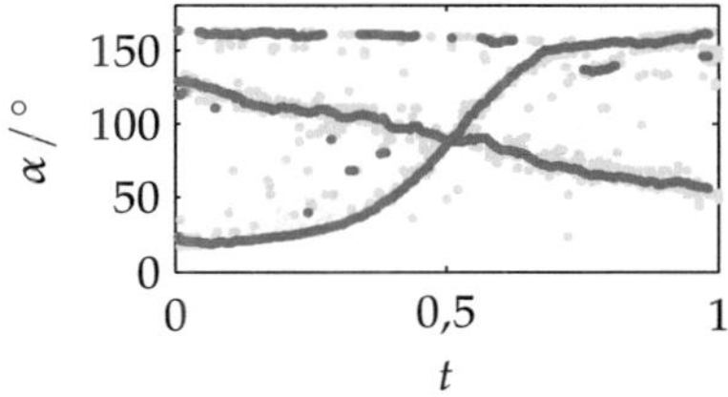

(a) Wahrscheinlichkeitsverteilungen (b) Messdaten (hellgrau) und Tracks

Abbildung 6.1.   Überblick über die Objektverfolgung mit dem GMPHD-Filter.

schätzt nur die Verteilungsfunktion in jedem Zeitschritt als Summe mehrerer Gauß-Funktionen. Die Detektion einzelner Tracks muss durch eine Zuordnung der Komponenten (Mittelwerte) über die Zeitschritte hinweg erfolgen. Eine entsprechende Realisierung orientiert sich an den Konzepten in [79, 80]. Die Ergebnisse sind in Abbildung 6.1 eingezeichnet. Die Position der beiden Sprecher, die bei $\alpha \approx 20°$ und $\alpha \approx 130°$ starten, werden sehr gut verfolgt, auch auf Grund der hohen Anzahl an Messwerten. Der dritte Sprecher kann nicht durchgehend beobachtet werden. Ab $t = 0{,}7$ liegen die Messwerte für die beiden Sprecher bei $\alpha \approx 150°$ sehr nahe beieinander, und es wird nur noch ein Track erkannt. Trotz dieser Einschränkungen liefert das Filter gute Ergebnisse, wenn ein kontinuierliches Sprachsignal vorliegt. Probleme entstehen beim Ausbleiben mehrerer aufeinanderfolgender Messwerte, was in einer normalen Unterhaltung durchaus der Fall sein könnte. Die Laufzeitschätzung für einen einzelnen Sprecher (Aufnahme in einem Büro) sind in Abbildung 6.2 gezeigt. Die Winkelschätzung liefert insbesondere bei Einsetzen der Sprache präzise Ergebnisse. Ist kein signifikanter Sprachanteil im Signal enthalten (z. B. bei $t \approx 8\,\mathrm{s}$), bleibt die Winkelschätzung aus.

Einzelne Versuche für zwei Sprecher zeigen bereits, dass eine Verfolgung bei ausschließlicher Verwendung der akustischen Daten sehr schwierig ist, insbesondere wenn Messdaten einzelner Sprecher auf Grund von Unterhaltungen nur partiell verfügbar sind. Die Erweiterung der Signaltrennung um eine akustische Objektverfolgung ist meiner Meinung nach nicht geeignet, um das Problem der Quellentrennung in dynamischen Umgebungen zu lösen. Durch die Verwendung optischer Informationen könnten die Ergebnisse entsprechend verbessert werden.

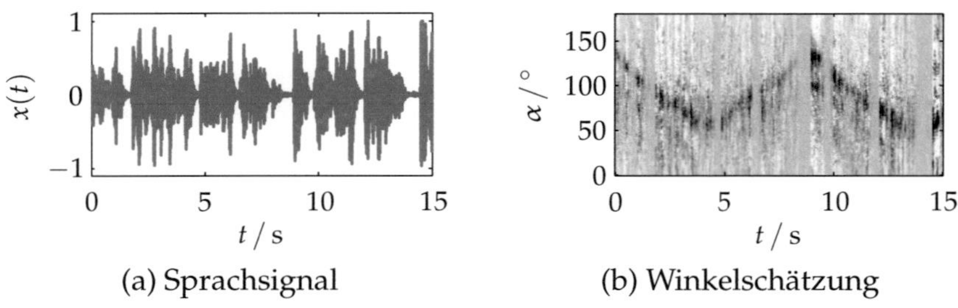

(a) Sprachsignal   (b) Winkelschätzung

Abbildung 6.2.   Laufzeitschätzung bei bewegten Quellen.

6.3. Ausblick

In der Einleitung wurden bereits die Chancen und Anwendungsgebiete für Verfahren zur Trennung akustischer Signale beschrieben. Die fortschreitende Entwicklung der Algorithmen führt zu immer besseren Rekonstruktionsergebnissen. Die Anforderungen in realen Umgebungen werden bisher nur sehr eingeschränkt berücksichtigt, stellen jedoch ein großes Hindernis dar. Eine entsprechende Umsetzung der Verfahren ist nur unter Verwendung zusätzlicher Informationen oder unter gewissen Einschränkungen sinnvoll. Im Bereich der Robotik stehen derartige Informationen zur Verfügung, da zur Erfassung der Umwelt normalerweise Kamera- und/oder Lidarsysteme verwendet werden. Für einen Einsatz im Bereich der Hörgeräte-Akustik müsste die Aufgabenstellung etwas eingeschränkt werden. Man könnte beispielsweise nur den Sprecher aus dem Mischsignal separieren, der sich zentral im Blickfeld des Geräteträgers befindet. Anhand einer Realisierung dieser Beispiele könnte anschaulich der Nutzen der Signaltrennung gezeigt werden.

A. Geometrische Zusammenhänge

Bei der Beschreibung der geometrische Merkmalen wird zur Bestimmung der Einfallsrichtung in Abhängigkeit des Laufzeitunterschiedes eine Fernfeldnäherung verwendet, die nur für große Abstände von Schallquelle und Sensorsetup gültig ist.

Im zweidimensionalen Raum liegen alle Punkte, welche die selbe Wegdifferenz zu zwei festen Puntken (Sensoren) besitzen, auf einer Hyperbel [24]. Ein Beispiel ist in Abbildung A.1 skizziert. Die Lage der Punkte im dreidimensionalen Raum wird durch die Rotation der Hyperbel um die x-Achse erzeugt.

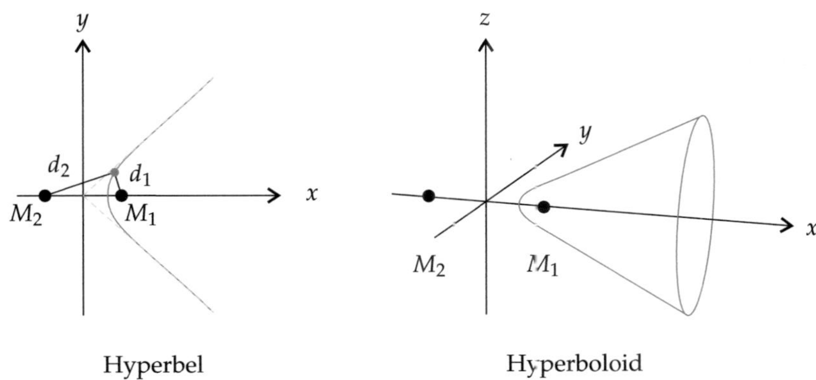

Abbildung A.1. Mögliche Lagen der Punktquelle in Abhängigkeit der Wegdifferenz.

Sind die Wegdifferenz $d_1 = c_0 \cdot \Delta t_1$ und der Sensorabstand d_M bekannt, können für die Hyperbelgleichung

$$\frac{x^2}{a} - \frac{y^2}{b} = 1$$

die entsprechenden Parameter a und b ermittelt werden. Es gilt

$$a = \frac{d_1}{2} \quad \text{und} \quad b = \frac{1}{2}\sqrt{d_M^2 - d_1^2}.$$

An einem Beispiel wird der Unterschied zwischen der Näherung und der exakten Berechnung abgeschätzt. Der Sensorabstand d_M beträgt 0,1 m. Für die positiven Wegdifferenzen $d_1 \in [0, d_M]$ und die unterschiedliche Distanz $d > 0,05$ m zwischen Urspung und Quellenmittelpunkt werden die Differenzen zwischen den beiden Berechnungsmethoden ermittelt. In Abbildung A.2 (a) sind die Berechnungsfehler für Distanz und Einfallswinkel (nach Gl. 2.12) aufgetragen. Hohe Fehler sind nur in unmittelbarer Nähe des Sensormittelpunktes zu erwarten. Zur Verdeutlichung ist in der

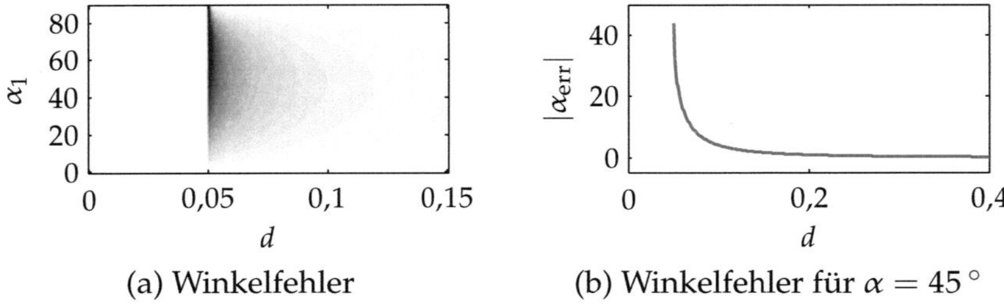

(a) Winkelfehler

(b) Winkelfehler für $\alpha = 45\,^\circ$

Abbildung A.2. Winkelfehler bei der Berechung der Einfallsrichtung mit Hilfe der Fernfeldnäherung.

nebenstehenden Abbildung der Fehlerwinkel für $\alpha = 45\,^\circ$ aufgetragen. Bereits im Abstand von $30 - 40$ cm ist der Winkelfehler kleiner als 1%.

Bei geringen Sensorabständen kann somit im Normalfall die Fernfeldnäherung verwendet werden.

B. Datenbasis

In diesem Abschnitt werden die Datensätze erklärt, die zur Evaluation der Signale verwendet wurden.

B.1. SiSEC Daten

Im Rahmen von drei großangelegten Evaluierungskampagnen [1][2] auf dem Gebiet der Quellentrennung wurden Forschergruppen aufgefordert, ihre Ergebnisse für vorgegebene Problemstellungen einzureichen. Diese Datensätze sind unter den angegebenen Adressen im Internet verfügbar. Zusätzlich wurde für den relevanten Fall unterbestimmter Szenarien auch zwei Testdatensätze veröffentlicht, die neben verschiedenen Mischsignalen auch die separaten Quellsignale jeweils am Lautsprecher und an den einzelnen Sensoren enthalten. Dadurch ist eine Evaluation der Daten möglich. Von den verfügbaren Messdaten werden im Folgenden nur die im Studio produzierten Daten ('liverec') verwendet.

B.1.1. Setup

Datensatz A

Das Setup für die Datenaufnahme ist in Abbildung B.1 skizziert. In dem Raum mit einer Höhe von 2,5 m sind zentral zwei Mikrofone ($h = 1,4$ m) mit einem Abstand von 5 cm platziert. Auf einem Kreisbogen ($r = 1$ m) um den Sensorschwerpunkt sind vier Lautsprecher ($h = 1,6$ m) montiert. (Es stehen ebenfalls Messdaten für einen Sensorabstand von 1 m zur Verfügung, die jedoch nicht verwendet werden.) Aufnahmen erfolgten für zwei verschiedene Nachhallzeiten ($RT_{60} = 130$ ms und $RT_{60} = 250$ ms). Die Winkelangaben im Hauptteil unterscheiden sich von der Konfiguration auf Grund unterschiedlicher Referenzachsen. Die Winkel in der Kon-

---

[1] http://www.irisa.fr/metiss/SASSEC07/

[2] http://sisec2008.wiki.irisa.fr/, http://sisec2010.wiki.irisa.fr

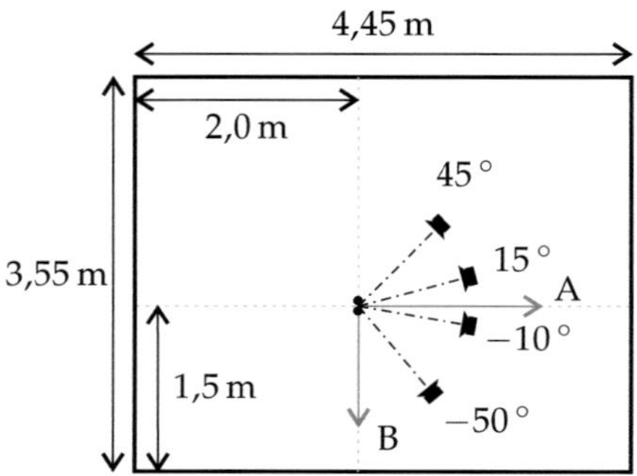

Abbildung B.1. Anordnung der Quellen und Sensoren für die Aufnahmen der 'Development'-Daten des *SiSEC*-Datensatzes.

figurationsdatei sind relativ zur Achse A, die Winkelangaben im Text relativ zur Achse B.

Datensatz B

Das Setup ist nahezu identisch mit der vorhergehenden Anordnung. Minimale Unterschiede bestehen nur in der Position der Lautsprecher (siehe Tabelle B.1). Es sind nur Daten mit einer Nachhallzeit von 250 ms enthalten.

	Abstand	Winkel
Lautsprecher 1	1,2 m	50°
Lautsprecher 2	1,1 m	−15°
Lautsprecher 3	1,0 m	−45°
Lautsprecher 4	0,8 m	15°

Tabelle B.1. Anordnung der Lautsprecher für den Datensatz B.

B.1.2. Konfiguration

Zur Evaluation der Verfahren können einerseits die vorgegebenen Signale verwendet werden. Die Mischsignale für männliche und weibliche Sprecher stehen für beide Nachhallzeiten sowie für drei oder vier Sprecher zur Verfügung.

Die Quellsignale an den Sensoren bieten jedoch die Möglichkeit, eine Vielzahl an unterschiedlichen Szenarien zu generieren. Auf Grund der festen Position der Lautsprecher sind keine Änderungen der Winkel möglich, es können aber die männlichen und weiblichen Sprachsignale nahezu beliebig kombiniert werden. Aus den vier weiblichen und männliche Quellsignalen an den Sensoren ergeben sich für

1. vier Sprecher insgesamt

$$N = 2^4 = 16$$

mögliche Kombinationen und für

2. drei Sprecher insgesamt

$$N = 2^3 \cdot \binom{4}{3} = 32$$

Kombinationen.

Damit stehen Datensätze zur Verfügung, die eine umfassende Analyse und verlässliche Bewertung der einzelnen Verfahren ermöglichen. Diese sind in der folgenden Tabelle (B.2) dargestellt und enthalten natürlich auch die bereits vorgegebenen Mischsignale.

	Sprecher	Nachhallzeit	Komb.	Kennzeichnung
Datensatz A	3	130 ms	32	A3-130
	3	250 ms	32	A3-250
	4	130 ms	16	A4-130
	4	250 ms	16	A4-250
Datensatz B	3	250 ms	32	B3-250
	4	250 ms	16	B4-250

Tabelle B.2. Definierte Datensätze für die Evaluation.

B.2. Eigene Aufnahmen

Die Aufnahme akustischer Signale ist prinzipiell sehr einfach. Über die Soundkarte des Computers lassen sich Mikrofonsignale einfach digitalisieren. Bei Verwendung des 'Line'-Eingangs (stereo) kann pro Kanal ein

Signal aufgezeichnet werden. Zuvor ist jedoch eine Anpassung des Signalpegels notwendig.

Als Mikrofone werden zwei Beyerdynamik MCE 60 eingesetzt. Diese Sensoren sind sehr kompakt, kostengünstig und besitzen einen linearen Frequenzgang. Der batteriebetriebene Vorverstärker wurde selbst konzipiert und liefert zusätzlich die Phantomspannung zum Betrieb der Kondensatormikrofone. Zur Signalverstärkung wird der Baustein LM 386 von *National Semiconductor* verwendet.

Für Aufnahmen unter definierten Rahmenbedingungen wurde der alte Seminarraum am Institut für Industrielle Informationstechnik (IIIT) genutzt. Die Abmaße und das Sensorsetup sind in Abbildung B.2 skizziert. Bei der Positionierung der Lautsprecher/Quellen wurden die Win-

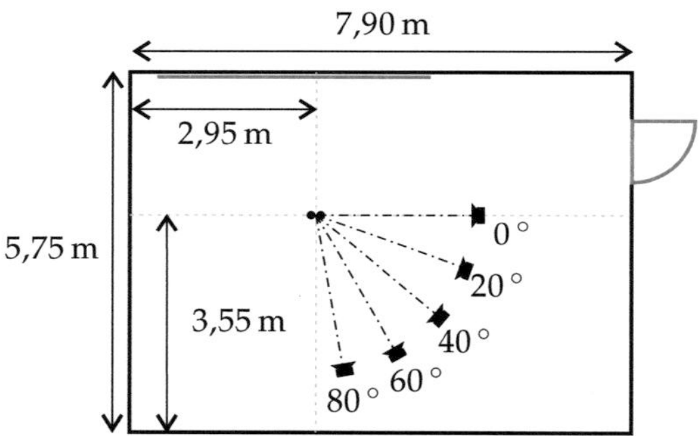

Abbildung B.2. Setup für eigene Aufnahmen im Seminarraum des IIIT.

kel willkürlich gewählt, der Abstand zum Sensorsetup betrug immer 2 m. Durch die Verwendung einfacher Stereolautsprecher war die maximale Quellenanzahl beschränkt.

C. Ergebnisse

Dieser Anhang enthält weitere Ergebnisse, die im Rahmen der Auswertung entstanden sind. Auf eine Darstellung der Resultate innerhalb der Arbeit wurde aus Gründen der Übersichtlichkeit verzichtet, es wird in vielen Fällen jedoch darauf verwiesen. Die Struktur des Kapitel ist entsprechend Abschnitt 5.3 organisiert.

C.1. Laufzeitschätzung

Bei der Vorstellung der verwendeten Methode zur Laufzeit- bzw. Richtungsschätzung erfolgte eine sehr kompakte Darstellung der Resultate. Im Folgenden werden einige Ergebnisse für die am Institut für Industrielle Informationstechnik aufgezeichneten Daten vorgestellt und diskutiert. Das Aufnahmesetup ist in Anhang B.2 beschrieben.

In Abbildung C.1 sind die Winkelkurven für vier verschiedene Einfallswinkel angegeben. Die Maximalwerte der Kurven (b-d) stimmen mit den vorgegebenen Winkeln überein, nur in dem ersten Beispiel (a) wird der falsche Wert ermittelt. Ein Vergleich der Winkelkurven zeigt eine unterschiedliche Schärfe der Peaks. Die Breite wächst mit der Abweichung von der senkrechten Einfallsrichtung (90 $^\circ$).

Für diesen Effekt lassen sich zwei Gründe angeben. Eine äquidistante Winkelaufteilung für die Einfallsrichtung ist mit einer ungleichmäßigen Aufteilung der Winkel θ verbunden. Der Winkelunterschied fällt mit wachsender Abweichung von 90 $^\circ$ und die Ähnlichkeit der Ergebnisse der einzelnen Radontransformationen steigt an. Anhand der Abbildung C.2 soll der zweite Grund erläutert werden. Große/kleine Einfallswinkel bedingen mehrere Sprünge in der Frequenz-Phasendifferenz-Darstellung. Bei der Auswertung durch die Summierung entlang der Deltageraden steigt auf Grund der Verwischung die Wahrscheinlichkeit für höhere Ergebnisse auch bei 'falschen' Winkeln.

Beispiele für zwei Sprecher sind in Abb. C.3 angegeben. Nur in Bild (b) werden beide Sprecher erkannt und auch die Position korrekt ermittelt.

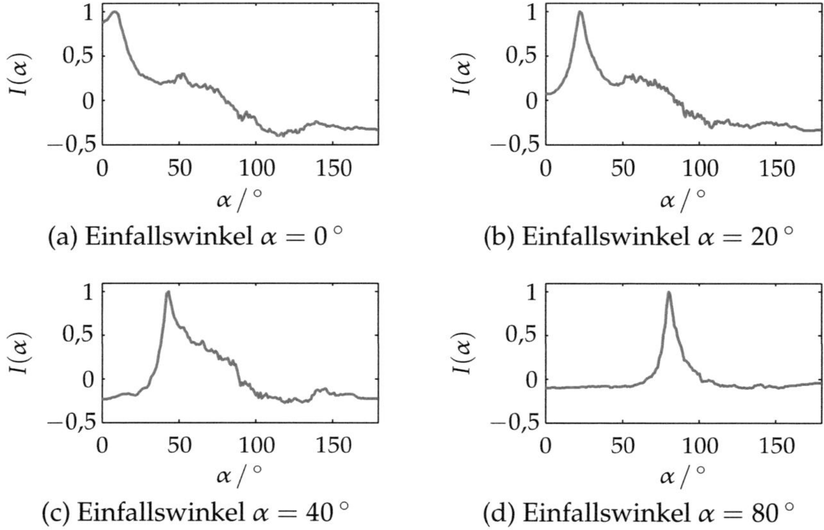

(a) Einfallswinkel $\alpha = 0\,^\circ$

(b) Einfallswinkel $\alpha = 20\,^\circ$

(c) Einfallswinkel $\alpha = 40\,^\circ$

(d) Einfallswinkel $\alpha = 80\,^\circ$

Abbildung C.1. Richtungsschätzung für eine aktive Quelle – $d_\mathrm{M} = 0{,}1\,\mathrm{m}$. Der Abstand zwischen Quelle und Sensorsetup beträgt jeweils 2 m.

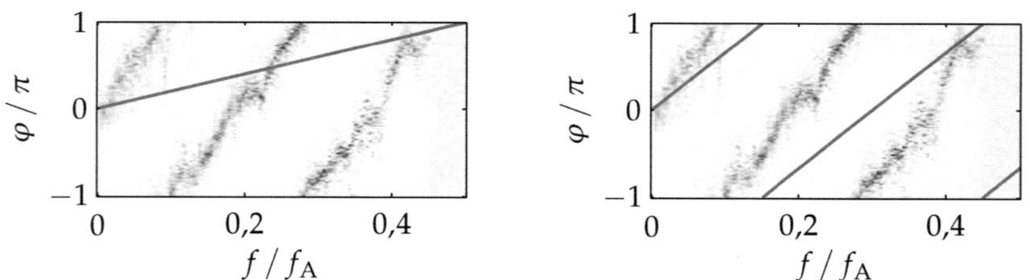

Abbildung C.2. Graphische Erklärung für die erhöhten Intensitätswerte bei kleinem/großem Einfallswinkel

Im linken Bild wurde ein Setup mit geringem Abstand und kleinem Einfallswinkel verwendet.

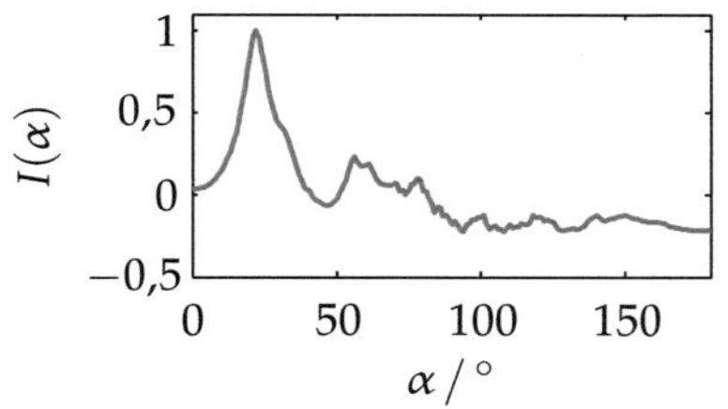

(a) Einfallswinkel $\alpha = 20°, 30°$

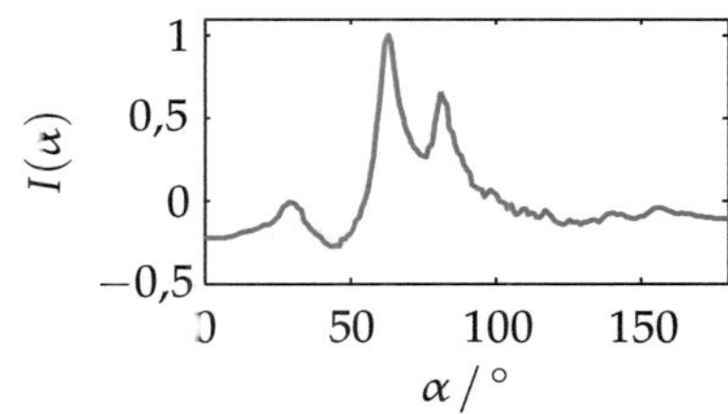

(b) Einfallswinkel $\alpha = 60°, 80°$

Abbildung C.3. Richtungsschätzung im Seminarraum für zwei Quellen. Der Abstand zwischen Quelle und Sensorsetup beträgt jeweils 2 m.

C.2. Basisalgorithmus

Unter Verwendung des Basisalgorithmus wurde ebenfalls die Rekonstruktion der Signale aus dem Datensatz B für 3 Sprecher und alle 32 Kombinationen durchgeführt. In Abbildung C.4 sind die Ergebnisse analog zur Auswertung in Kap. 5.3.1 dargestellt.

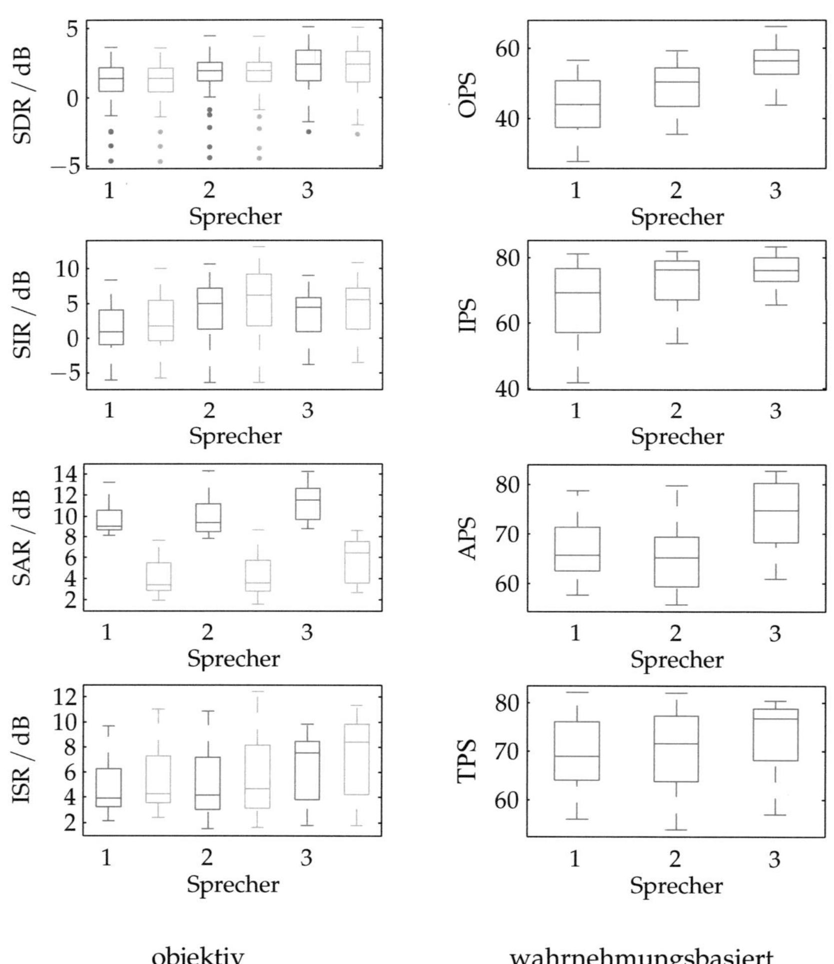

Abbildung C.4. Ergebnisse für den Basisalgorithmus bei einer Nachhallzeit von 250 ms. Die Bewertung anhand der Energieverhältnisse ist für die alten (dunkelgrau) und neuen Berechnungsverfahren (hellgrau) angegeben.

Abkürzungen und Symbole

Abkürzungen

Abk.	Bedeutung
AIR	Aachen Impulse Response [53]
AWP	Analytische Wavelet-Packets
BSS	blind source separation
BEM	boundary elements method
bzw.	beziehungsweise
CDWT	complex discrete wavelet transform
DOA	direction of arrival
DEGA	Deutsche Gesellschaft für Akustik
EEG	Elektroenzephalografie
FEM	finite elements methods
FFT	fast Fourier transform
FZC	fuzzy clustering
GCC	generalized cross correlation
ICA	independent component analysis
ILD	interaural level difference
ISR	source Image to Spatial distortion Ratio
ITD	interaural time difference
LSPE	least-square periodicity estimation
RT	reverberation time
SAR	signal to artifacts ratio
SDR	signal to distortion ratio
SIR	signal to interference ratio
STFT	short-time Fourier transform
TDOA	time delay of arrival

Formelzeichen und Symbole

Akustik

Symb.	Bezeichnung	Einheit
κ	Adiabatenexponent	-
ρ	Schalldichte	kg/m^3
ρ_0	Umgebungsdichte	kg/m^3
$\mathbf{v}$	Schallschnelle	m/s
λ	Wellenlänge	m
f	Frequenz	Hz
I	Schallintensität	W/m^2
k	Wellenzahl	$1/m$
p	Schalldruck	$Pa = N/m^2$
p_0	mittlerer Druck	$Pa = N/m^2$
q	Schallfluss	m^3/s
V	Volumen	m^3
RT_{60}	Nachhallzeit	s
f_{gr}	Grenzfrequenz der Raumakustik	Hz
c_0	Schallgeschwindigkeit	m / s

Spezifische Formelzeichen

Symb.	Bezeichnung
α	Schalleinfallsrichtung (°)
$\gamma(t)$	Analysefenster bei der Wavelet-Transformation
$\Delta\varphi(m,k)$	Phasendifferenz zwischen den Sensoren
$\Delta\varphi_i(k)$	Erwartungswert der Phasendifferenzen der i-ten Quelle im Frequenzband k
$\Delta\varphi_H(f_k)$	Klasseneinteilung der Histogramme im Frequenzband k
Δt_i	Laufzeitunterschied der i-ten Quelle an den Sensoren
$\psi(t)$	Wavelet
$\phi(t)$	Skalierungsfunktion
$\sigma_i(k)$	Varianz der Phasendifferenzen der i-ten Quelle im Frequenzband k
θ	Winkel bei der Radontransformation (°)
$\mathbf{A}$	Mischmatrix
$a_{ji}(t)$	Raumimpulsantwort für Sensor j und Quelle i
a_{ji}	Dämpfungskoeffizient für Sensor j und Quelle i

Symb.	Bezeichnung
$c_{k,l}$	Koeffizienten der Wavelet-Packets
c_k	Approximationskoeffizieten der Wavelet-Transformation in der k-ten Stufe
d_k	Detailkoeffizienten der Wavelet-Transformation in der k-ten Stufe
d_M	Abstand der Sensoren (m)
d_{ji}	Wegdifferenz (m) zwischen Sensor j und Quelle i
f_k	Mittenfrequenz des k-ten Frequenzband
$h(\Delta\varphi_H(f_k))$	Histogramm über die Phasendifferenzen im k-ten Frequenzband
$H(f_k, \Delta\varphi_H)$	Frequenz-Phasendifferenz-Darstellung
$I(\theta)$	Intensität des Winkels θ (modifizierte Radontransformation)
$k_{A/B/C}, k_{\mathrm{U/L}}$	Grenzfrequenzen bei der Ermittlung der Sprecherwahrscheinlichkeit pro Zeitschritt
$M_i(m,k)$	Koeffizienten der Masken für die i-te Quelle
$M_\theta(f_k, \Delta\varphi_H)$	Masken für die Berechnung der modifizierten Radontransformation
$M_n(f_k, \Delta\varphi_H)$	Masken für die alternative Berechnung der GCC
$N_\delta(\theta)$	Anzahl der Deltageraden bei der modifizierten Radonstransformation für den Winkel θ
N_F	Anzahl der positiven Koeffizienten bei der STFT
N_H	Elemente pro Histogramm
N_T	Anzahl der Abtastwerte im Analysefenster der STFT
$N(m,k)$	Nichtperiodischer Anteil des Signalmodells für LSPE
$P_i(\Delta\varphi(m,k))$	Wahrscheinlichkeit, dass die Koeffizienten mit der Phasendifferenz $\Delta\varphi(m,k)$ zur i-ten Quellle gehören
$P_i(m)$	Wahrscheinlichkeit der i-ten Quelle im Zeitschritt m
$per_i(m,k)$	Angepasste Signaldarstellung für die Periodizitätsschätzung beim Signal $\hat{S}_{1i}(m,k)$
$per_i^0(m,k)$	Periodischer Anteil des Signalmodells für LSPE
$R_{s,\theta}\{H\}$	Radontransformation über H mit den Parametern s und θ
s	Abstand zum Ursprung (Radontransformation)
$s_i(t)$	i-tes Quellsignal im Zeitbereich
$S_i(m,k)$	i-tes Quellsignal im Zeit-Frequenz-Bereich
$s_{ji}(t)$	Quellsignal am j-ten Sensor im Zeit-Bereich
$S_{ji}(m,k)$	Quellsignal am j-ten Sensor im Zeit-Frequenz-Bereich
t_{ji}	Zeitverzögerung (s) zwischen Sensor j und Quelle i
$x_j(t)$	j-tes Sensorsignal im Zeitbereich
$X_j(m,k)$	j-tes Sensorsignal im Zeit-Frequenz-Bereich
$\hat{x}$	Kennzeichnung der geschätzten Werte

Symb.	Bezeichnung
x^W	Kennzeichnung der Koeffizienten bei Verwendung der AWP
x^{TS}	Kennzeichnung der Rekonstruktion bei Berücksichtigung der Sprecherwahrscheinlichkeit pro Zeitschritt
x^P	Kennzeichnung der Rekonstruktion bei Berücksichtigung der Periodizitätsschätzung
x^V	Kennzeichnung der Rekonstruktion bei Berücksichtigung des Vergessensfaktors

Literaturverzeichnis

[1] *IDEA – International Dialects of English Archive.* http://web.ku.edu/~idea.

[2] *Odeon – Room Acoustics Software.* http://www.odeon.dk.

[3] *SiSEC – Signal Separation Evaluation Campaign.* http://sisec.wiki.irisa.fr/tiki-index.php.

[4] *DEGA-Empfehlung 101 – Akustische Felder und Wellen.* Technischer Bericht, Deutsche Gesellschaft für Akustik e.V., 2006.

[5] **Abramowitz, M.** und **I. A. Stegun**: *Handbook of mathematical functions with formulas, graphs, and mathematical tables.* Dover publications, 1964, ISBN 0486612724.

[6] **Allen, J. B.** und **D. A. Berkley**: *Image method for efficiently simulating small-room acoustics.* J. Acoust. Soc. Am, 65(4):943–950, 1979.

[7] **Araki, S., M. Fujimoto, K. Ishizuka, H. Sawada** und **S. Makino**: *Speaker indexing and speech enhancement in real meetings/conversations.* In: *Acoustics, Speech and Signal Processing, 2008. ICASSP 2008. IEEE International Conference on*, Seiten 93–96. IEEE, 2008.

[8] **Araki, S., S. Makino, H. Sawada** und **R. Mukai**: *Underdetermined blind separation of convolutive mixtures of speech with directivity pattern based mask and ICA.* Independent Component Analysis and Blind Signal Separation, Seiten 898–905, 2004.

[9] **Araki, S., R. Mukai, S. Makino, T. Nishikawa** und **H. Saruwatari**: *The fundamental limitation of frequency domain blind source separation for convolutive mixtures of speech.* Speech and Audio Processing, IEEE Transactions on, 11(2):109–116, 2003, ISSN 1063-6676.

[10] **Araki, S., T. Nakatani, H. Sawada** und **S. Makino**: *Blind sparse source separation for unknown number of sources using Gaussian mixture model fitting with Dirichlet prior.* In: *Acoustics, Speech and Signal Processing, 2009. ICASSP 2009. IEEE International Conference on*, Seiten 33–36. IEEE, 2009.

[11] **Araki, S., T. Nakatani, H. Sawada** und **S. Makino**: *Stereo source separation and source counting with MAP estimation with Dirichlet prior considering spatial aliasing problem.* Independent Component Analysis and Signal Separation, Seiten 742–750, 2009.

[12] **Araki, S., A. Ozerov, V. Gowreesunker, H. Sawada, F. Theis, G. Nolte, D. Lutter** und **N. Duong**: *The 2010 Signal Separation Evaluation Campaign (SiSEC2010): Audio Source Separation.* Latent Variable Analysis and Signal Separation, Seiten 114–122, 2010.

[13] **Arberet, S., A. Ozerov, N. Q. K. Duong, E. Vincent, R. Gribonval, F. Bimbot** und **P. Vandergheynst**: *Nonnegative matrix factorization and spatial covariance model for under-determined reverberant audio source separation.* 2010.

[14] **Balan, R., J. Rosca, S. Rickard** und **J. O'Ruanaidh**: *The influence of windowing on time delay estimates.* In: *Proceedings CISS*, 2000.

[15] **Beerends, J.G., A.P. Hekstra, A.W. Rix** und **M.P. Hollier**: *Perceptual Evaluation of Speech Quality (PESQ): The New ITU Standard for End-to-End Speech Quality Assessment Part II-Psychoacoustic Model.* Journal of the Audio Engineering Society, 50(10):765–778, 2002.

[16] **Bell, A. J.** und **T. J. Sejnowski**: *An information-maximization approach to blind separation and blind deconvolution.* Neural computation, 7(6):1129–1159, 1995, ISSN 0899-7667.

[17] **Benesty, J.**: *Springer handbook of speech processing.* Springer Verlag, 2008, ISBN 3540491252.

[18] **Beyerer, J.** und **F. Puente León**: *Die Radontransformation in der digitalen Bildverarbeitung.* Automatisierungstechnik, 50(10):472–480, 2002.

[19] **Blauert, J.**: *Spatial hearing: the psychophysics of human sound localization.* The MIT Press, 1997, ISBN 0262024136.

[20] **Blauert, J.**: *Communication acoustics.* Springer, 2005, ISBN 354022162X.

[21] **Boashash, B.**: *Time frequency signal analysis and processing: a comprehensive reference.* Elsevier Science Ltd, 2003, ISBN 0080443354.

[22] **Bofill, P.** und **M. Zibulevsky**: *Blind separation of more sources than mixtures using sparsity of their short-time Fourier transform.* In: *Proc. ICA2000*, Seiten 87–92, 2000.

[23] **Bracewell, R. N.**: *Two-dimensional imaging*. Prentice-Hall, Inc. Upper Saddle River, NJ, USA, 1995.

[24] **Bronstein, I. N., K. A. Semendjajew, G. Musiol** und **H. Mühlig**: *Taschenbuch der Mathematik*. Harri Deutsch Verlag, 2008, ISBN 3817120079.

[25] **Buchner, H., R. Aichner** und **W. Kellermann**: *TRINICON: A versatile framework for multichannel blind signal processing*. 3:iii–889, 2004, ISSN 1520-6149.

[26] **Chen, J., J. Benesty** und **Y. Huang**: *Time delay estimation in room acoustic environments: an overview*. EURASIP Journal on applied signal processing, 2006:170, 2006, ISSN 1110-8657.

[27] **Cherry, E. C.**: *Some experiments on the recognition of speech, with one and with two ears*. Journal of the acoustical society of America, 25(5):975–979, 1953.

[28] **Cichocki, A., R. Zdunek** und **S. Amari**: *New algorithms for nonnegative matrix factorization in applications to blind source separation*. In: *Acoustics, Speech and Signal Processing, 2006. ICASSP 2006 Proceedings. 2006 IEEE International Conference on*, Band 5, Seiten V–V. IEEE, 2006, ISBN 142440469X.

[29] **Cohen, L.**: *Time-frequency distributions-a review*. Proceedings of the IEEE, 77(7):941–981, 1989.

[30] **Coifman, R. R.** und **M. V. Wickerhauser**: *Entropy-based algorithms for best basis selection*. Information Theory, IEEE Transactions on, 38(2):713–718, 1992, ISSN 0018-9448.

[31] **Comon, P.**: *Independent component analysis, a new concept?* Signal processing, 36(3):287–314, 1994, ISSN 0165-1684.

[32] **Cremer, L.** und **H. Müller**: *Die wissenschaftlichen Grundlagen der Raumakustik, Band I*. 1976.

[33] **Davies, M., M. Jafari, S. Abdallah, E. Vincent** und **M. Plumbley**: *Blind Source Separation using Space–Time Independent Component Analysis*. Blind Speech Separation, Seiten 79–99, 2007.

[34] **Donoho, D. L.** und **J. Tanner**: *Sparse nonnegative solution of underdetermined linear equations by linear programming*. Proceedings of the National Academy of Sciences of the United States of America, 102(27):9446, 2005.

[35] **Dorothea, K., F. A. Ramon, H. Eugen** und **O. Reinhold**: *Independent Component Analysis and Time-Frequency Masking for Speech Recognition in Multitalker Conditions.* EURASIP Journal on Audio, Speech, and Music Processing, 2010, 2010, ISSN 1687-4714.

[36] **Dunn, J. C.**: *Well-separated clusters and optimal fuzzy partitions.* Cybernetics and Systems, 4(1):95–104, 1974, ISSN 0196-9722.

[37] **Duong, N. Q. K., E. Vincent** und **R. Gribonval**: *Under-determined reverberant audio source separation using a full-rank spatial covariance model.* Audio, Speech, and Language Processing, IEEE Transactions on, 18(7):1830–1840, 2010, ISSN 1558-7916.

[38] **Emiya, V., E. Vincent, N. Harlander** und **V. Hohmann**: *Subjective and objective quality assessment of audio source separation.* 2010.

[39] **Everest, F. A.** und **K. C. Pohlmann**: *Master Handbook of Acoustics.* Mc Graw Hill, 2009.

[40] **Fong, T., I. Nourbakhsh** und **K. Dautenhahn**: *A survey of socially interactive robots.* Robotics and autonomous systems, 42(3-4):143–166, 2003, ISSN 0921-8890.

[41] **Friedman, D.**: *Pseudo-maximum-likelihood speech pitch extraction.* Acoustics, Speech and Signal Processing, IEEE Transactions on, 25(3):213–221, 1977, ISSN 0096-3518.

[42] **Hamacher, V.** und **U. Rass**: *Hightech im Ohr: Physikalische und technische Grundlagen moderner Hörgeräte.* Physik in unserer Zeit, 37(2), 2006.

[43] **Hartigan, J. A.** und **M. A. Wong**: *A k-means clustering algorithm.* Journal of the Royal Statistical Society. Series C, Applied statistics, 28:100–108, 1979.

[44] **Haykin, S.** und **Z. Chen**: *The cocktail party problem.* Neural Computation, 17(9):1875–1902, 2005, ISSN 0899-7667.

[45] **Höppner, F., F. Klawonn** und **R. Kruse**: *Fuzzy-Clusteranalyse: Verfahren für die Bilderkennung, Klassifikation und Datenanalyse.* Vieweg, 1997, ISBN 352805543X.

[46] **Hu, Y.** und **P.C. Loizou**: *Evaluation of objective quality measures for speech enhancement.* Audio, Speech, and Language Processing, IEEE Transactions on, 16(1):229–238, 2007, ISSN 1558-7916.

[47] **Hu, Y. H., J. N. Hwang** und **J. N. Hwang**: *Handbook of Neural Network Signal Processing*. CRC Press, Inc. Boca Raton, FL, USA, 2000, ISBN 0849323592.

[48] **Huber, R.** und **B. Kollmeier**: *PEMO-Q–A New Method for Objective Audio Quality Assessment Using a Model of Auditory Perception*. IEEE Transactions on Audio Speech and Language Processing, 14(6):1902–1911, 2006, ISSN 1558-7916.

[49] **Hyvärinen, A., J. Karhunen** und **E. Oja**: *Independent Component Analysis*. Wiley Interscience, 2001.

[50] **Hyvärinen, A.** und **E. Oja**: *Independent component analysis: algorithms and applications*. Neural networks, 13(4-5):411–430, 2000, ISSN 0893-6080.

[51] **Ihlenburg, F.**: *Finite element analysis of acoustic scattering*. Springer Verlag, 1998.

[52] **Izumi, Y., N. Ono** und **S. Sagayama**: *Sparseness-based 2CH BSS using the EM algorithm in reverberant environment*. In: *Applications of Signal Processing to Audio and Acoustics, 2007 IEEE Workshop on*, Seiten 147–150. IEEE, 2007.

[53] **Jeub, M., M. Schafer** und **P. Vary**: *A binaural room impulse response database for the evaluation of dereverberation algorithms*. In: *Digital Signal Processing, 2009 16th International Conference on*, Seiten 1–5. IEEE, 2009.

[54] **Jolliffe, I. T.**: *Principal component analysis*. Springer, Heidelberg, 2002.

[55] **Juhl, P. M.**: *The boundary element method for sound field calculations*. Acoustical Society of America Journal, 96:2595, 1994, ISSN 0001-4966.

[56] **Kiencke, U.** und **R. Eger**: *Messtechnik*. Springer, 2001, ISBN 3540420975.

[57] **Kiencke, U., M. Schwarz** und **T. Weickert**: *Signalverarbeitung: Zeit-Frequenz-Analyse und Schätzverfahren*. Oldenbourg Wissenschaftsverlag, 2008, ISBN 3486586688.

[58] **Knapp, C.** und **G. Carter**: *The generalized correlation method for estimation of time delay*. IEEE Transactions on Acoustics, Speech and Signal Processing, 24(4):320–327, 1976, ISSN 0096-3518.

[59] **Koldovský, Z., P. Tichavský** und **J. Málek**: *Time-domain blind audio source separation method producing separating filters of generalized feedforward structure.* Latent Variable Analysis and Signal Separation, Seiten 17–24, 2010.

[60] **Kroschel, K.**: *Statistische Informationstechnik: Signal-und Mustererkennung, Parameter-und Signalschätzung.* Springer, 2003, ISBN 3540402373.

[61] **Kuttruff, H.**: *Room acoustics.* Taylor & Francis, 2000, ISBN 0419245804.

[62] **Lee, D. D.** und **H. S. Seung**: *Learning the parts of objects by non-negative matrix factorization.* Nature, 401(6755):788–791, 1999, ISSN 0028-0836.

[63] **Lehmann, E. A.** und **A. M. Johansson**: *Prediction of energy decay in room impulse responses simulated with an image-source model.* The Journal of the Acoustical Society of America, 124:269, 2008.

[64] **Lerch, R., G. Sessler** und **D. Wolf**: *Technische Akustik: Grundlagen und Anwendungen.* Springer, 2008, ISBN 3540234306.

[65] **Lewicki, M. S.** und **T. J. Sejnowski**: *Learning overcomplete representations.* Neural computation, 12(2):337–365, 2000.

[66] **Makino, S., T. W. Lee** und **H. Sawada**: *Blind speech separation.* Springer Verlag, 2007, ISBN 1402064780.

[67] **Málek, J., Z. Koldovský** und **P. Tichavský**: *Adaptive time-domain blind separation of speech signals.* Latent Variable Analysis and Signal Separation, Seiten 9–16, 2010.

[68] **Mallat, S. G.**: *A theory for multiresolution signal decomposition: The wavelet representation.* IEEE transactions on pattern analysis and machine intelligence, 11(7):674–693, 1989, ISSN 0162-8828.

[69] **Mallat, S. G.**: *A wavelet tour of signal processing.* Academic Pr, 1999, ISBN 012466606X.

[70] **Mandel, M. I.** und **D. P. W. Ellis**: *EM localization and separation using interaural level and phase cues.* In: *Applications of Signal Processing to Audio and Acoustics, 2007 IEEE Workshop on*, Seiten 275–278. IEEE, 2007.

[71] **Meyberg, K.** und **P. Vachenauer**: *Höhere Mathematik.* Springer, 2001, ISBN 3540418504.

[72] **Morimoto, A., A. Ryuichi, T. Mandai** und **F. Sasaki**: *Blind source separation using analytic wavelet transform.* In: *Wavelet Analysis and Pattern Recognition, 2008. ICWAPR '08. International Conference on,* Band 2, Seiten 541 –546, aug. 2008

[73] **Möser, M.**: *Technische Akustik.* Springer, 2009, ISBN 3540898174.

[74] **Nesta, F., M. Omologo** und **P. Svaizer**: *A novel robust solution to the permutation problem based on a joint multiple TDOA estimation.* In: *Proc. International Workshop for Acoustic Echo and Noise Control, IWAENC, 2008.*

[75] **O'Grady, P. D.** und **B. A. Pearlmutter**: *Soft-LOST: EM on a mixture of oriented lines.* Seiten 430–436. Springer, 2004.

[76] **O'Grady, P. D., B. A. Pearlmutter** und **S. T. Rickard**: *Survey of sparse and non-sparse methods in source separation.* International Journal of Imaging Systems and Technology, 15(1):18–33, 2005, ISSN 0899-9457.

[77] **Ozerov, A.** und **C. Févotte**: *Multichannel nonnegative matrix factorization in convolutive mixtures for audio source separation.* Audio, Speech, and Language Processing, IEEE Transactions on, 18(3):550–563, 2010, ISSN 1558-7916.

[78] **Ozerov, A., E. Vincent** und **F. Bimbot**: *A general modular framework for audio source separation.* Latent Variable Analysis and Signal Separation, Seiten 33–40, 2010.

[79] **Panta, K., V. Ba-Ngu** und **S. Singh**: *Novel data association schemes for the probability hypothesis density filter.* Aerospace and Electronic Systems, IEEE Transactions on, 43(2):556–570, 2007, ISSN 0018-9251.

[80] **Panta, K., D. E. Clark** und **B. N. Vo**: *Data association and track management for the Gaussian mixture probability hypothesis density filter.* Aerospace and Electronic Systems, IEEE Transactions on, 45(3):1003–1016, 2009, ISSN 0018-9251.

[81] **Pfister, B.** und **T. Kaufmann**: *Sprachverarbeitung: Grundlagen und Methoden der Sprachsynthese und Spracherkennung.* Springer, 2008, ISBN 3540759093.

[82] **Puente León, F., U. Kiencke** und **H. Jäkel**: *Signale und Systeme.* Oldenbourg Wissenschaftsverlag, 2010, ISBN 348659748X.

[83] **Puntonet, C.G.** und **A. Prieto**: *An adaptive geometrical procedure for blind separation of sources.* Neural Processing Letters, 2(5):23–27, 1995, ISSN 1370-4621.

[84] **Rossing, T. D.**: *Springer handbook of acoustics.* Springer Verlag, 2007, ISBN 0387304460.

[85] **Sawada, H., S. Araki** und **S. Makino**: *Underdetermined convolutive blind source separation via frequency bin-wise clustering and permutation alignment.* Audio, Speech, and Language Processing, IEEE Transactions on, (99):1, ISSN 1558-7916.

[86] **Sawada, H., S. Araki** und **S. Makino**: *A two-stage frequency-domain blind source separation method for underdetermined convolutive mixtures.* In: *Applications of Signal Processing to Audio and Acoustics, 2007 IEEE Workshop on*, Seiten 139–142. IEEE, 2007.

[87] **Sawada, H., R. Mukai, S. Araki** und **S. Makino**: *A robust and precise method for solving the permutation problem of frequency-domain blind source separation.* Speech and Audio Processing, IEEE Transactions on, 12(5):530–538, 2004, ISSN 1063-6676.

[88] **Schau, H. C.** und **A. Z. Robinson**: *Passive source localization employing intersecting spherical surfaces from time-of-arrival differences.* Audio, Speech, and Language Processing, IEEE Transactions on, 35(8):1223–1225, 1987.

[89] **Schroeder, M. R.**: *New method of measuring reverberation time.* Journal of the acoustical society of America, 37:409, 1965.

[90] **Selesnick, I. W., R. G. Baraniuk** und **N. C. Kingsbury**: *The dual-tree complex wavelet transform.* Signal Processing Magazine, IEEE, 22(6):123–151, 2005, ISSN 1053-5888.

[91] **Shi, Z., H. Tang, W. Liu** und **Y. Tang**: *Blind source separation of more sources than mixtures using generalized exponential mixture models.* Neurocomputing, 61:461–469, 2004, ISSN 0925-2312.

[92] **Theis, F. J., A. Jung, C. G. Puntonet** und **E. W. Lang**: *Linear geometric ICA: Fundamentals and algorithms.* Neural Computation, 15(2):419–439, 2003, ISSN 0899-7667.

[93] **Theis, F. J., E. W. Lang** und **C. G. Puntonet**: *A geometric algorithm for overcomplete linear ICA.* Neurocomputing, 56:381–398, 2004, ISSN 0925-2312.

[94] **Theodoridis, S., K. Koutroumbas** und **R. Smith**: *Pattern Recognition. 1999.* Academic Press, New York.

[95] **Tranter, S. E.** und **D. A. Reynolds**: *An overview of automatic speaker diarization systems.* Audio, Speech, and Language Processing, IEEE Transactions on, 14(5):1557–1565, 2006, ISSN 1558-7916.

[96] **Tucker, R.**: *Voice activity detection using a periodicity measure.* In: *Communications, Speech and Vision, IEEE Proceedings*, Band 139, Seiten 377–380. IET, 1992.

[97] **Vanderbei, R. J.**: *Linear programming: foundations and extensions.* Springer Verlag, 2008, ISBN 0387743871.

[98] **Vigário, R. N.**: *Extraction of ocular artefacts from EEG using independent component analysis.* Electroencephalography and clinical neurophysiology, 103(3):395–404, 1997, ISSN 0013-4694.

[99] **Vincent, E., R. Gribonval** und **C. Févotte**: *Performance measurement in blind audio source separation.* Audio, Speech, and Language Processing, IEEE Transactions on, 14(4):1462–1469, 2006, ISSN 1558-7916.

[100] **Vincent, E., H. Sawada, P. Bofill, S. Makino** und **J. P. Rosca**: *First stereo audio source separation evaluation campaign: data, algorithms and results.* In: *Proceedings of the 7th international conference on Independent component analysis and signal separation*, Seiten 552–559. Springer-Verlag, 2007, ISBN 3540744932.

[101] **Vo, B. N.** und **W. K. Ma**: *The Gaussian mixture probability hypothesis density filter.* Signal Processing, IEEE Transactions on, 54(11):4091–4104, 2006, ISSN 1053-587X.

[102] **Weickert, T.**: *Nichtstationäre Filterung mit Hilfe analytischer Wavelet Packets am Beispiel von Sprachsignalen.* Dissertation, Karlsruhe, 2009, ISBN 978-3-86644-317-4.

[103] **Winter, S., W. Kellermann, H. Sawada** und **S. Makino**: *Map-based underdetermined blind source separation of convolutive mixtures by hierarchical clustering and l 1-norm minimization.* EURASIP Journal on Applied Signal Processing, 2007(1):81–81, 2007, ISSN 1110-8657.

[104] **Yilmaz, O.** und **S. Rickard**: *Blind separation of speech mixtures via time-frequency masking.* Signal Processing, IEEE Transactions on, 52(7):1830–1847, 2004, ISSN 1053-587X.

[105] **Zadeh, L. A.**: *Fuzzy sets**. Information and control, 8(3):338–353, 1965, ISSN 0019-9958.

[106] **Zölzer, U.**: *Digital audio signal processing*. Wiley Online Library, 2008, ISBN 0470997850.

[107] **Zwicker, E.** und **H. Fastl**: *Psychoacoustics: Facts and models*, Band 254. Springer New York, 1999.

Eigene Veröffentlichungen

[108] **Müller, M. S., L. Hoffmann, A. Sandmair** und **A. W. Koch**: *Full strain tensor treatment of fiber Bragg grating sensors*. IEEE Journal of Quantum Electronics, 45(5):547–553, 2009.

[109] **Nachtigall, L., A. Sandmair** und **F. Puente León**: *Sensorfusion zur Unterdrückung von Störsignalen mittels der Independent Component Analyse*. In: **Puente, Fernando, Klaus Dieter Sommer** und **Michael Heizmann** (Herausgeber): *Verteilte Messsysteme*, Seiten 153–166, Karlsruhe, 2010. KIT Scientific Publishing.

[110] **Sandmair, A., M. Lietz** und **F. Puente León**: *Separation unbekannter akustischer Signale mit Hilfe analytischer Wavelet-Packets*. In: **Goch, Gert** (Herausgeber): *XXIII. Messtechnisches Symposium des Arbeitskreises der Hochschullehrer für Messtechnik e.V. (AHMT)*, Seiten 55–66, Aachen, 2009. Shaker Verlag. http://www.shaker.de/Online-Gesamtkatalog/Details.asp?ISBN=978-3-8322-8491-6.

[111] **Sandmair, A., M. Lietz** und **F. Puente León**: *Analytische Wavelet-Packets zur Separation unbekannter Sprachsignale* . tm-Technisches Messen, 77(4):221–228, 2010, ISSN 0171-8096.

[112] **Sandmair, A., M. Lietz, J. Stefan** und **F. Puente León**: *Time delay estimation in the time-frequency domain based on a line detection approach*. In: *IEEE International Conference on Acoustics, Speech and Signal Processing (ICASSP)*, Prague, 22-27 May 2011.

[113] **Sandmair, A.** und **N. Linzenkirchner**: *Extension of Particle Swarm Optimization for detection of local minima*. In: **Puente, Fernando** und **Klaus Dostert** (Herausgeber): *Reports on Industrial Information Technology*, Band 12, Seiten 19–34. KIT Scientific Publishing, Karlsruhe, 2010. http://digbib.ubka.uni-karlsruhe.de/volltexte/1000016446.

[114] **Sandmair, A.** und **A. Zaib**: *Comparison of ICA algorithms for underde-termined blind source separation*. In: **Puente, Fernando** und **Klaus Dostert** (Herausgeber): *Reports on Industrial Information Technology*, Band 12, Seiten 1–17. KIT Scientific Publishing, Karlsruhe, 2010. http://digbib.ubka.uni-karlsruhe.de/volltexte/1000016446.

[115] **Sandmair, A., A. Zaib** und **F. Puente León**: *Adaptive underdeter-mined ICA for handling an unknown number of sources*. In: **Vigneron, Vincent, Vicente Zarzoso, Eric Moreau, Rémi Gribonval** und **Emmanuel Vincent** (Herausgeber): *Latent Variable Analysis and Signal Separation*, Band 6365 der Reihe *Lecture Notes in Computer Science*, Seiten 181–188, Berlin Heidelberg, 2010. Springer-Verlag.

[116] **Thuy, M.** und **A. Sandmair**: *Object classification based on stereo data*. In: **Puente, Fernando** (Herausgeber): *Reports on Distributed Measu-rement Systems*, Seiten 141–154. Shaker Verlag, 2008.

Betreute Diplom- und Studienarbeiten

[117] **Abad Sorbet, M.**: *Comparision of different methods for time delay esti-mation*. Project Work, Institut für Industrielle Informationstechnik, Karlsruher Institut für Technologie, 2010.

[118] **Bauer, T.**: *Aufbau eines Sensorsystems für akustische Signale*. Studi-enarbeit, Institut für Industrielle Informationstechnik, Universität Karlsruhe (TH), 2009.

[119] **Eswein, M. M.**: *Aufbau eines Mikrofonarrays zur passiven Lokalisation von Schallquellen*. Diplomarbeit, Institut für Industrielle Informati-onstechnik, Karlsruher Institut für Technologie, 2010.

[120] **Faurant, A.**: *Systemidentifikation und Echounterdrückung*. Diplomar-beit, Institut für Industrielle Informationstechnik, Karlsruher Insti-tut für Technologie, 2010.

[121] **Frank, D.**: *Entwicklung eines phasenbasierten Verfahrens zur Echoun-terdrückung*. Diplomarbeit, Institut für Industrielle Informations-technik, Karlsruher Institut für Technologie, 2010.

[122] **Hernández Mesa, P.**: *Statistische Verfahren zur Trennung unbekanner Sprachsignale*. Studienarbeit, Institut für Industrielle Informations-technik, Karlsruher Institut für Technologie, 2010.

[123] **Holl, T.**: *Verwendung von Partikelfiltern zur Phasenverlaufsschätzung.* Studienarbeit, Institut für Industrielle Informationstechnik, Karlsruher Institut für Technologie, 2010.

[124] **Kaestner, S.**: *Einfluss der Zeit-Frequenz-Darstellungen auf den 'Blind Source Separation' - Algorithmus.* Studienarbeit, Institut für Industrielle Informationstechnik, Universität Karlsruhe (TH), 2009.

[125] **Kaestner, S.**: *Algorithmus zur Echounterdrückung basierend auf der Phaseninformation.* Diplomarbeit, Institut für Industrielle Informationstechnik, Karlsruher Institut für Technologie, 2010.

[126] **Lietz, M.**: *Verwendung Analytischer Wavelet Packets zur Trennung unbekannter Signale.* Studienarbeit, Institut für Industrielle Informationstechnik, Universität Karlsruhe (TH), 2009.

[127] **Lietz, M.**: *Verfahren zur Trennung überlagerter Sprachsignale bei unbekannter Sprecheranzahl.* Diplomarbeit, Institut für Industrielle Informationstechnik, Karlsruher Institut für Technologie, 2010.

[128] **Linzenkirchner, N.**: *Identifikation bekannter Strukturen mit Hilfe intelligenter Verfahren.* Diplomarbeit, Institut für Industrielle Informationstechnik, Universität Karlsruhe (TH), 2009.

[129] **Merkert, L.**: *Entwurf und Aufbau einer magnetischen Lagerung.* Studienarbeit, Institut für Industrielle Informationstechnik, Karlsruher Institut für Technologie, 2010.

[130] **Minx, J.**: *Untersuchungen zum Einsatz dynamischer selbstorganisierender Karten zum Online-Monitoring technischer Prozesse.* Diplomarbeit, Institut für Industrielle Informationstechnik, Universität Karlsruhe (TH), 2009.

[131] **Obaid ur Rehman, Q.**: *Minimization of Room Impulse Response effect for Blind Source Separation.* Mastersthesis, Institut für Industrielle Informationstechnik, Universität Karlsruhe (TH), 2009.

[132] **Stefan, J.**: *Laufzeitschätzung für akustische Signale auf Basis der Radontransformation.* Bachelorarbeit, Institut für Industrielle Informationstechnik, Karlsruher Institut für Technologie, 2010.

[133] **Tran, Q. H.**: *Multisensorfusion zur Lokalisierung und Kartierung von Schienenfahrzeugen.* Mastersthesis, Institut für Industrielle Informationstechnik, Universität Karlsruhe (TH), 2009.

[134] **Zaib, A.**: *Independent Component Analysis for Solving Blind Source Separation Problems*. Mastersthesis, Institut für Industrielle Informationstechnik, Universität Karlsruhe (TH), 2009.

**Forschungsberichte
aus der Industriellen Informationstechnik
(ISSN 2190-6629)**

Institut für Industrielle Informationstechnik
Karlsruher Institut für Technologie

Hrsg.: Prof. Dr.-Ing. Fernando Puente León, Prof. Dr.-Ing. habil. Klaus Dostert

Die Bände sind unter www.ksp.kit.edu als PDF frei verfügbar oder als Druckausgabe bestellbar.

Band 1   Pérez Grassi, Ana
**Variable illumination and invariant features for detecting and
classifying varnish defects.** (2010)
ISBN 978-3-86644-537-6

Band 2   Christ, Konrad
**Kalibrierung von Magnet-Injektoren für Benzin-Direkteinspritzsysteme
mittels Körperschall.** (2011)
ISBN 978-3-86644-718-9

Band 3   Sandmair, Andreas
**Konzepte zur Trennung von Sprachsignalen in unterbestimmten
Szenarien.** (2011)
ISBN 978-3-86644-744-8